"十三五"高等学校规划教材

Access 数据库程序设计实践教程

项东升　刘雨潇　主编

U0316945

中国铁道出版社有限公司
CHINA RAILWAY PUBLISHING HOUSE CO., LTD.

内 容 简 介

本书是与《Access 数据库程序设计》教材配套使用的实验指导教材，内容包括验证性实验、设计性实验两部分。验证性实验部分由 8 个实验项目组成，每个实验项目又根据《Access 数据库程序设计》各章的教学目标设计了若干个实验任务，是与各章知识点同步的上机实验指导。设计性实验部分介绍使用 Access 2010 开发数据库应用系统的完整过程，操作步骤详细。通过验证性实验和设计性实验进一步加深读者对主教材《Access 数据库程序设计》中知识点的理解，有助于读者快速掌握 Access 2010，并设计出高质量的数据库应用系统。

本书内容设计紧扣《全国计算机等级考试二级 Access 数据库程序设计考试大纲》要求，除了作为《Access 数据库程序设计》辅助教学用书外，也可以作为全国计算机等级考试二级 Access 数据库程序设计的辅导用书。

图书在版编目（CIP）数据

Access 数据库程序设计实践教程 / 项东升，刘雨潇主编. —北京：中国铁道出版社，2018.1(2024.6 重印)
"十三五"高等学校规划教材
ISBN 978-7-113-24127-8

Ⅰ.①A… Ⅱ.①项…②刘… Ⅲ.①关系数据库系统-高等学校-教材
Ⅳ.①TP311.138

中国版本图书馆 CIP 数据核字（2018）第 013108 号

书　　名：Access 数据库程序设计实践教程
作　　者：项东升　刘雨潇

策　　划：徐海英　　　　　　　　　　　编辑部电话：(010) 51873135
责任编辑：翟玉峰　包　宁
封面设计：付　巍
封面制作：刘　颖
责任校对：张玉华
责任印制：樊启鹏

出版发行：中国铁道出版社有限公司 (100054，北京市西城区右安门西街 8 号)
网　　址：https://www.tdpress.com/51eds/
印　　刷：北京铭成印刷有限公司
版　　次：2018 年 1 月第 1 版　　2024 年 6 月第 3 次印刷
开　　本：787mm×1092 mm　1/16　印张：10.75　字数：257 千
印　　数：4 001～4 500 册
书　　号：ISBN 978-7-113-24127-8
定　　价：29.00 元

前　言

近年来，数据库技术相关知识已经成为高等学校文科类专业学生信息技术素养不可缺少的内容之一，该类课程已经成为继大学计算机基础课程之后的核心课程。教育部高等学校文科计算机基础教学指导委员会 2011 年出版的《大学计算机教学基本要求　第 6 版》明确提出了数据库课程的教学基本要求：掌握数据库系统和关系模型的基本概念，掌握常用的 SQL 语句，掌握数据库设计的步骤和方法，掌握计算机程序设计的基本知识，提高逻辑思维能力和计算机应用能力，掌握程序设计、分析和调试的基本技能，掌握开发数据库应用系统的过程和基本技术，能够开发一个小型数据库应用系统。

Access 程序设计与应用课程是我国高等学校文科专业普遍开设的一门计算机公共基础课程，该课程实践性强，要求学生具有较好的上机实践能力。为配合该课程的理论内容的学习，使得学生既能够较好地掌握课程的理论知识内容又能具备较强的上机实践能力，我们特编写了本书。

本书紧扣《全国计算机等级考试二级 Access 数据库程序设计考试大纲》要求，内容丰富，分为验证性实验、设计性实验两部分。验证性实验部分由 8 个实验项目组成，分别对应《Access 数据库程序设计》的 8 个章节内容，主要内容包括：Access 操作环境、数据库和表、查询设计、窗体设计及控件的使用、报表设计、宏、VBA 程序设计基础、VBA 数据库编程。每个实验项目都由 3 部分组成，包括实验目的、实验内容、实验思考。其中，实验内容部分又结合配套教材中的知识点设计了若干个实验任务，加入了全国计算机等级考试二级 Access 数据库程序设计试题，每个实验任务均详细给出了完成实验操作的各个步骤，这些实验和课堂教学紧密结合，通过有针对性的上机实验，学生可以更好地掌握 Access 2010 的理论知识和相关操作。

设计性实验部分介绍了使用 Access 2010 开发一个小型数据库应用系统（商品管理系统）的完整过程，操作步骤详细，帮助读者掌握在 Access 2010 平台下开发数据库应用系统的设计方法与实施步骤，对读者进行系统开发能起到示范和参考作用。设计性实验部分包括一个实验（实验 9）内容涵盖：系统需求分析、系统功能设计、数据库设计、创建数据库和表、详细设计（包括创建查询、窗体设计、报表设计、创建宏和模块、数据库编程等）。

本书由湖北文理学院数学与计算机科学学院项东升、刘雨潇任主编。其中，刘雨潇编写了验证性实验部分的实验 1、实验 2、实验 3、实验 7、实验 8，项东升编写了验证性实验部分的实验 4、实验 5、实验 6，以及设计性实验部分。全书由项东升和刘雨潇统稿定稿。此外，参与部分工作的还有程建军、徐格静、王敏、丁函、任丹、詹彬、郭堂瑞等。

在本书的编写过程中编者参阅了一些著作和资料，在此对这些作者表示感谢。由于编者学识水平有限，加之计算机技术的发展日新月异，书中难免存在疏漏或不当之处，敬请广大读者批评指正。如果您在学习中发现任何问题，或者有更好的建议，欢迎致函 E-mail：hbwllyx1982@163.com。

编　者

2017 年 12 月

目 录

CONTENTS

第一部分　验证性实验

实验 1　Access 操作环境 2
实验 2　数据库和表 5
实验 3　查询设计 28
实验 4　窗体设计及控件的使用 57
实验 5　报表设计 74
实验 6　宏 87
实验 7　VBA 程序设计基础 97
实验 8　VBA 数据库编程 113

第二部分　设计性实验

实验 9　商品管理系统 123
　　9.1　系统需求分析 123
　　9.2　系统功能设计 123
　　9.3　数据库设计 124
　　9.4　创建数据库和表 127
　　9.5　详细设计 131

参考文献 166

目 录

第一部分　操作性实验

实验 1　Access 操作环境 2
实验 2　数据库和表 5
实验 3　查询设计 28
实验 4　窗体设计及控件的使用 57
实验 5　报表设计 74
实验 6　宏 87
实验 7　VBA 模块设计基础 97
实验 8　VBA 数据库编程 115

第二部分　设计性实验

实验 9　商品管理系统 122
　9.1　系统需求分析 121
　9.2　系统功能设计 122
　9.3　数据库设计 124
　9.4　数据表应用设计 121
　9.5　详细设计 131
参考文献 166

第一部分

验证性实验

  这一部分包括 8 个实验，分别对应主教材中的 8 个章节内容。这些实验和课堂教学紧密结合，通过有针对性地上机实验，可以更好地掌握 Access 2010 的相关操作和理论。实验中的每个例子，都体现一个具体的知识点。为了达到理想的实验效果，在实验之前要认真准备，根据实验目的和实验内容，复习好本次实验中要用到的基本概念与相关操作，提高实验效率。实验过程中要积极思考，注意归纳各知识点和操作的共同规律，分析操作结果所显示信息的含义。实验后认真总结，总结本次实验有哪些收获，存在哪些问题，并写出实验报告。

实验 ① Access 操作环境

一、实验目的

1. 熟悉 Access 2010 的操作界面及常用操作方法。
2. 通过罗斯文示例数据库了解 Access 2010 的功能及常用数据库对象。
3. 学会使用 Access 2010 的相关帮助信息。

二、实验内容

1. 启动 Access 2010

Access 2010 的启动与 Microsoft Office 中其他软件的启动方法一样，基本方法及操作过程如下。

① 单击 Windows 桌面左下角的"开始"按钮 ，依次选择"所有程序"→"Microsoft Office"→"Microsoft Access 2010"命令。

② 在 Windows 桌面上建立 Access 2010 的快捷方式图标。双击 Access 2010 的快捷方式图标。

③ 利用 Access 2010 数据库文件的关联性启动 Access 2010，方法是双击任何一个 Access 2010 数据库文件，这时进入 Access 2010 主窗口并打开该数据库文件。

2. 关闭 Access 2010

① 在 Access 2010 主窗口中，单击窗口右上角的 按钮。

② 在 Access 2010 主窗口中，单击窗口左上角的 按钮，在弹出的菜单中选择"关闭"命令。

③ 在 Access 2010 主窗口中，选择"文件"选项卡中的"退出"命令。

④ 在 Access 2010 主窗口中，按【Alt+F4】组合键。

3. 快速访问工具栏的操作

（1）自定义快速访问工具栏

单击快速访问工具栏右侧的下拉按钮，在下拉列表中选择"其他命令"选项，弹出"Access 选项"对话框的"自定义快速访问工具栏"设置界面。在其中选择要添加的命令，然后单击"确定"按钮，如图 1.1 所示。

也可以选择"文件"选项卡中的"选项"命令，弹出"Access 选项"对话框，在左侧窗格中选择"快速访问工具栏"选项进入"自定义快速访问工具栏"设置界面进行相应的设置。

图 1.1　设置快速访问工具栏

（2）查看添加了若干命令按钮后的快速访问工具栏

在 Access 2010 窗口中查看添加了命令按钮的快速访问工具栏，如图 1.2 和 1.3 所示。

图 1.2　添加命令前 　　　图 1.3　添加了"打开"和"新建"两个按钮

（3）删除快速访问工具栏中的命令按钮

在"Access 选项"对话框的"自定义快速访问工具栏"设置界面右侧的列表中选择要删除的命令，然后单击"删除"按钮。也可以在列表中直接双击该命令实现添加和删除。完成后单击"确定"按钮。

（4）快速访问工具栏恢复到"默认"状态

在"自定义快速访问工具栏"设置界面中单击"重置"按钮，将"快速访问工具栏"恢复到"默认"状态。

4. 设置 Access 2010 选项

在 Access 2010 窗口中选择"文件"选项卡中的"选项"命令，弹出"Access 选项"对话框。在左侧的窗格中选择"当前数据库"选项，进入"用于当前数据库的选项"设置界面，设置是否"显示状态栏""显示文档选项卡""关闭时压缩""显示导航窗格""允许默认快捷菜单"等选项，然后单击"确定"按钮完成设置。

5. 通过"罗斯文"数据库，初步了解 Access 2010

Access 2010 提供了一个示范数据库——"罗斯文"数据库。通过查看"罗斯文"数据库中的各个数据库对象，初步了解 Access 2010 数据库的功能，获得对 Access 2010 数据库的感性认识。

选择"文件"选项卡中的"新建"命令，在 Access 2010 的"可用模板"区域单击"样本模板"按钮，从列出的 12 个模板中选择"罗斯文"数据库，并单击右侧的"创建"按钮，打开"罗斯文"数据库，然后在"导航窗格"中查看、打开各种数据库对象。

① 在"导航窗格"中，选择"表"对象，双击"产品"表，在"数据表视图"中查看表中的数据记录。

② 单击"开始"选项卡"视图"组中的"视图"下拉按钮，在下拉列表中选择"设计

视图"选项，切换到"产品"表的设计视图，查看表中各个字段以及主键的定义，如字段名称、数据类型、字段属性等，然后关闭"设计视图"窗口。

③ 在"导航窗格"中，选择"查询"对象，双击"产品订单数"查询，在"数据表视图"下查看运行查询时所返回的记录集合。

④ 单击"开始"选项卡"视图"组中的"视图"下拉按钮，在下拉列表中选择"设计视图"选项，切换到"产品订单数"查询的设计视图，查看查询的设计和修改窗口。

⑤ 单击"开始"选项卡"视图"组中的"视图"按钮，在下拉列表中选择"SQL 视图"选项，切换到"产品订单数"查询的 SQL 视图，查看创建查询时所生成的 SQL 语句，然后关闭 SQL 视图窗口。

⑥ 在"导航窗格"中，选择"窗体"对象，双击"产品详细信息"窗体，在"窗体视图"下查看运行窗体时的用户界面及窗体上所显示的记录。

⑦ 单击"开始"选项卡"视图"组中的"视图"下拉按钮，在下拉列表中选择"设计视图"选项，切换到"产品详细信息"窗体的设计视图，查看窗体的设计和修改窗口。

⑧ 在"导航窗格"中，选择"报表"对象，双击"供应商电话簿"报表，在"报表视图"下查看报表的布局及报表上所显示的记录。

⑨ 单击"开始"选项卡"视图"组中的"视图"下拉按钮，在下拉列表中选择"设计视图"选项，切换到"供应商电话簿"报表的设计视图，查看报表的设计和修改窗口。

6. 查阅帮助信息

按【F1】键或单击功能区右侧的帮助按钮获取 Access 2010 的帮助信息，如图 1.4 所示。

图 1.4 "Access 2010 帮助"窗口

三、实验思考

1. 了解 Access 2010 的窗口界面组成，有哪些标志，各自的作用。
2. 结合"罗斯文"数据库，理解 Access 2010 导航窗格的作用。
3. 查询 Access 2010 帮助信息。
4. 设置 Access 2010 数据库的默认文件格式和默认保存路径。
5. 设置 Access 2010 数据库的默认字体。

实验 ② 数据库和表

一、实验目的

1. 掌握创建 Access 2010 数据库的方法及常用操作。
2. 掌握 Access 2010 数据表的创建方法。
3. 掌握表间关系的建立和修改。
4. 掌握表中数据的输入、导入和导出。
5. 掌握表中字段属性的设置。
6. 掌握表中内容的编辑、表结构的修改和表外观的设置。
7. 掌握表中记录的排序和筛选。

二、实验内容

1. 数据库的创建

（1）设计一个"图书管理"数据库

在"图书管理"数据库中有"读者"和"图书"两个实体。两个实体之间的联系为：一名读者可以借阅多本图书，一本图书可以被多名读者借阅。"读者"实体和"图书"实体间的联系为多对多（$m:n$）。图 2.1 的 E-R 图描述了"读者"实体和"图书"实体间的多对多联系。

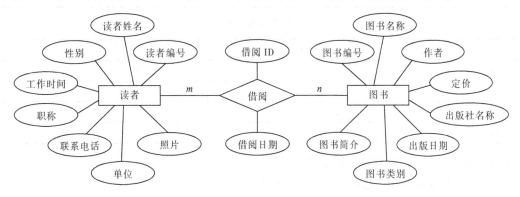

图 2.1 "读者"实体和"图书"实体的 E-R 图

将 E-R 图转换为等价的关系模型，其中实体和联系转换为关系，属性转换为字段。转换后关系模型如下：

读者(读者编号,读者姓名,性别,工作时间,职称,联系电话,单位,照片)

图书(图书编号,图书名称,作者,定价,出版社名称,出版日期,图书类别,图书简介)

借阅(借阅 ID,读者编号,图书编号,借阅日期)

根据以上关系模型,可以知道,在"图书管理"数据库中有"读者""图书""借阅"3 个表。其结构分别如表 2.1～表 2.3 所示。

表 2.1 "读者"表结构

字 段 名 称	数 据 类 型	字 段 大 小
读者编号	文本	10
读者姓名	文本	20
性别	文本	1
工作时间	日期/时间	
职称	文本	10
单位	文本	10
联系电话	文本	11
照片	OLE	

表 2.2 "图书"表结构

字 段 名 称	数 据 类 型	字 段 大 小
图书编号	文本	10
图书名称	文本	50
作者	文本	20
定价	货币	
出版社名称	文本	20
出版日期	日期/时间	
图书类别	文本	10
图书简介	备注	

表 2.3 "借阅"表结构

字 段 名 称	数 据 类 型	字 段 大 小
借阅 ID	自动编号	长整型
读者编号	文本	10
图书编号	文本	10
借阅日期	日期/时间	

(2)创建一个"图书管理"数据库

① 打开 Access 2010,选择"文件"选项卡中的"新建"命令。

② 在"可用模板"区域选择"空数据库"选项,在右侧的"文件名"文本框中输入"图书管理",单击右侧的文件夹图标,在弹出的"文件新建数据库"对话框中设置"图书管理"数据库文件的存储位置,单击"确定"按钮返回到 Access 2010 窗口。

③ 单击 Access 2010 窗口右下角的"创建"按钮，完成"图书管理"数据库的创建，如图 2.2 所示。

图 2.2　创建"图书管理"数据库

2. 表的创建

打开已经创建好的"图书管理"数据库，依据表 2.1～表 2.3 所示的表结构利用表的"设计视图"创建"读者"表、"图书"表和"借阅"表。

① 打开"图书管理"数据库文件，单击"创建"选项卡"表格"组中的"表设计"按钮 ▦，打开表的设计视图。

② 依据表 2.1 所定义的"读者"表的结构，在表设计视图中的字段名称、数据类型和字段属性中进行相应的设置。

③ 在"设计视图"中将"读者编号"字段选中，单击"主键"按钮 🔑 ，将"读者编号"字段设置为主键，如图 2.3 所示。

④ 选择"文件"选项卡中的"保存"命令，或单击快速访问工具栏中的"保存"按钮 🖫，弹出"另存为"对话框，输入表的名称"读者"，单击"确定"按钮，保存"读者"表。

⑤ 利用同样的方法，创建"图书"表和"借阅"表。

3. 关系的建立

在"图书管理"数据库中将表创建完成后，接下来根据 3 张表的主键和外键建立表间的关系。观察 3 张表的结构以及主键的设置，"读者"表中的"读者编号"和"借阅"表中的读者编号间存在一对多的联系；"图书"表中的"图书编号"和"借阅"表中的"图书编号"存在一对多的联系。

① 在"图书管理"数据库中，将所有打开的表关闭。

② 单击"数据库工具"选项卡"关系"组中的"关系"按钮，打开"关系"窗口，并弹

出"显示表"对话框，如图 2.4 所示。

图 2.3　创建"读者"表的结构 　　　　　图 2.4　"显示表"对话框

③ 在"显示表"对话框中将所有表添加到"关系"窗口中。

④ 将"读者"表中的主键"读者编号"拖到"借阅"表的外键"读者编号"上，松开鼠标左键，弹出"编辑关系"对话框，选中"实施参照完整性""级联更新相关记录""级联删除相关记录"复选框。

⑤ 单击"创建"按钮，创建"读者"表与"借阅"表间关系。参考以上步骤，创建"图书"表与"借阅"表间关系并保存。结果如图 2.5 所示。

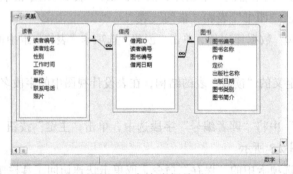

图 2.5　各个表间关系

建立关系后，两个表间相关联字段间出现一条关系线，主键的一端显示"1"，外键的一端显示"∞"，表示一对多的联系。注意，在建立表间关系时，相关联的字段名称可以不同，但是数据类型必须相同，并且字段值之间必须具有匹配关系。

4. 输入数据

在表结构以及表间关系建立好之后，数据库的创建就完成了，接下来，需要将数据输入到表中进行保存以便于后续使用。

（1）使用"数据表视图"输入数据

表 2.4～表 2.6 给出了数据库中的部分数据，参考这 3 张表向数据库的表中输入数据。

表 2.4　"读者"表数据

读者编号	读者姓名	性别	工作时间	职称	单　位	联系电话	照　片
wn00001	董森	男	2005/6/26	讲师	管理学院	131456521××	
wn00002	涂利平	男	1990/9/4	教授	计算机学院	132578566××	
wn00003	赵亚楠	女	2000/8/9	讲师	计算机学院	133265497××	
wn00004	周青山	男	2003/9/6	教授	文学院	156023215××	
wn00005	朱志强	男	1998/6/25	副教授	管理学院	150234596××	
wn00006	柯志辉	男	1995/7/5	讲师	计算机学院	155645975××	
wn00007	施洪云	女	2008/6/13	教授	计算机学院	187546276××	
wn00008	王业伟	男	1992/6/8	讲师	经政学院	134659752××	
wn00009	张豫襄	女	2008/7/6	讲师	文学院	135246759××	
wn00010	蔡朝阳	男	1987/8/10	教授	管理学院	156234675××	
wn00011	周红妤	女	1997/5/6	教授	文学院	150276459××	
wn00012	李志明	男	2010/6/17	讲师	经政学院	156429759××	
wn00013	张华春	女	1995/8/4	教授	管理学院	131679895××	
wn00014	张民华	女	2007/9/8	讲师	文学院	130372465××	
wn00015	肖昊健	男	2000/5/8	副教授	经政学院	132467593××	
wn00016	陈金鑫	男	2012/6/26	助教	计算机学院	133675497××	
wn00017	倪天鸣	男	1995/7/19	教授	经政学院	156376549××	
wn00018	周永华	女	2012/6/7	助教	管理学院	158759437××	
wn00019	赵雪莹	女	2014/6/10	助教	文学院	186276259××	
wn00020	柯希刚	男	2013/7/8	助教	经政学院	186723462××	
wn00021	耿玉函	女	2013/6/25	助教	管理学院	187524672××	
wn00022	文国霞	女	2005/8/7	讲师	经政学院	186754672××	
wn00023	雷保林	男	1989/7/14	教授	文学院	158756273××	
wn00024	杨代英	女	1988/5/6	副教授	管理学院	135465792××	
wn00025	黎志杰	男	1998/7/6	副教授	经政学院	134745195××	
wn00026	李江文	男	1997/7/9	副教授	计算机学院	133655455××	
wn00027	张健哲	男	2000/7/13	副教授	计算机学院	156325874××	
wn00028	李志明	男	2013/6/17	助教	经政学院	155658949××	
wn00029	吴艳	女	2006/9/3	讲师	管理学院	186632321××	
wn00030	张华林	男	2003/6/5	副教授	文学院	187522631××	
wn00031	张晚霞	女	1985/6/4	教授	经政学院	150234654××	
wn00032	柯志辉	男	1995/7/5	讲师	管理学院	156328798××	
wn00033	韩松娜	女	2008/6/28	讲师	经政学院	155263488××	
wn00034	倪天鸣	男	1995/7/19	副教授	计算机学院	131484784××	
wn00035	丁华阳	男	2006/6/18	讲师	文学院	130261684××	
wn00036	朱旭	女	1993/6/26	副教授	文学院	155878456××	

续表

读者编号	读者姓名	性别	工作时间	职称	单　位	联系电话	照　片
wn00037	杨涵	女	2009/8/20	讲师	管理学院	156316546××	
wn00038	袁苑	女	2007/8/15	讲师	计算机学院	150234698××	
wn00039	何帆	男	1998/7/28	副教授	文学院	130264894××	
wn00040	许灿	女	2008/8/12	讲师	计算机学院	131597489××	

表 2.5 "图书"表数据

图书编号	图书名称	作　者	定价	出版社名称	出版日期	图书类别	图书简介
g0001	管理学	芮明杰	38.50	高等教育出版社	2009/6/1	管理	
g0002	应急管理概论：理论与实践	闪淳昌，薛澜	48.00	高等教育出版社	2012/9/1	管理	
g0003	市场营销案例分析	林祖华，殷博益	33.00	高等教育出版社	2012/3/1	管理	
g0004	管理信息系统	刘仲英	42.60	高等教育出版社	2012/7/1	管理	
g0005	企业管理学	杨善林	38.00	高等教育出版社	2009/9/1	管理	
j0001	计算机技术基础	郝兴伟	31.20	高等教育出版社	2011/6/1	计算机	
j0002	信息论与编码理论	王育民，李晖	34.70	高等教育出版社	2013/4/1	计算机	
j0003	复杂系统与复杂网络	何大韧	42.00	高等教育出版社	2009/1/1	计算机	
j0004	PIC 单片机原理、开发方法及实践	何乐生，周燕，池宗琳	42.20	高等教育出版社	2011/1/1	计算机	
j0005	操作系统概念	[美]西尔伯查茨	74.00	高等教育出版社	2010/11/1	计算机	
w0001	中国古代文学作品选	郁贤皓，张采民	24.80	高等教育出版社	2003/6/1	文学	
w0002	中国文学史经典精读	陈文新	68.00	高等教育出版社	2014/1/1	文学	
w0003	中外文学名著导读	刘建军	34.00	高等教育出版社	2014/2/1	文学	
w0004	中国古代文论教程	李壮鹰，李春青	43.70	高等教育出版社	2013/2/23	文学	
w0005	东方文学史通论	王向远	43.00	高等教育出版社	2013/3/1	文学	
z0001	马克思主义哲学概论	杨耕	21.50	高等教育出版社	2004/11/1	哲学	
z0002	中国思想文化史	张岂之	39.50	高等教育出版社	2006/5/17	哲学	
z0003	科学社会主义理论与实践	教育部社会科学研究与思想政治工作司	18.40	高等教育出版社	2004/9/1	哲学	
z0004	西方哲学史讲演录	赵林	22.90	高等教育出版社	2009/11/1	哲学	
z0005	辩证法的舞蹈：马克思方法的步骤	[美]奥尔曼	20.60	高等教育出版社	2006/9/1	哲学	

表 2.6 "借阅"表数据

借阅 ID	读 者 编 号	图 书 编 号	借 阅 日 期
1	wn00001	g0001	2010/3/7
2	wn00003	g0001	2010/8/7
3	wn00040	g0001	2013/6/26

续表

借阅 ID	读 者 编 号	图 书 编 号	借 阅 日 期
4	wn00002	g0001	2014/6/13
5	wn00033	g0005	2012/4/7
6	wn00036	j0001	2012/4/18
7	wn00015	j0003	2012/6/12
8	wn00012	j0003	2013/7/12
9	wn00001	j0005	2013/9/2
10	wn00028	w0001	2012/5/8
11	wn00023	w0003	2012/5/9
12	wn00005	w0004	2010/7/6
13	wn00010	w0004	2013/7/28
14	wn00013	z0002	2013/7/9
15	wn00007	z0003	2010/6/2
16	wn00029	z0003	2011/3/1

（2）查阅向导

一般情况下，表中的大部分字段值来自于直接输入的数据，或从其他数据源导入的数据。如果某字段值是一组固定数据，可以将这组固定值设置为一个列表的形式，输入数据时从列表中直接选择，既可以提高输入效率，也可以避免输入错误。

【案例 2.1】将"读者"表中"单位"字段的值设置为列表形式，向该字段输入的值为"管理学院""文学院""经政学院""计算机学院"等固定数据。

① 打开"学生"表并切换到"设计视图"，选择"单位"字段，单击其后"数据类型"右侧的下拉按钮，在下拉列表中选择"查阅向导"选项，打开"查阅向导"对话框。

② 在打开的"查阅向导"第 1 个对话框中选择"自行键入所需的值"选项，单击"下一步"按钮，打开"查阅向导"第 2 个对话框。

③ 在第一列的每行中依次输入"管理学院""文学院""经政学院""计算机学院"，如图 2.6 所示。

④ 单击"下一步"按钮，单击"完成"按钮完成设置。

⑤ 切换到"读者"表的"数据表视图"，单击"单位"字段中的单元格，查看查阅列表的结果。

【案例 2.2】使用"查询"选项卡，将"读者"表中的"单位"字段设置查询列表，列表中显示"管理学院""文学院""经政学院""计算机学院"等固定数据。

① 打开"学生"表并切换到"设计视图"，选择"单位"字段。在"设计视图"下方的"字段属性"中选择"查阅"选项卡。

② 单击"显示控件"行右侧的下拉按钮，在下拉列表中选择"列表框"选项；单击"行来源"右侧的下拉按钮，在下拉列表中选择"值列表"选项；在"行来源"文本框中输入："管理学院"；"文学院"；"经政学院"；"计算机学院"。设置结果如图 2.7 所示。

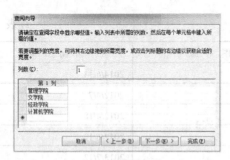

图 2.6　设置列表值　　　　　　　　　图 2.7　查阅列表参数设置

③ 切换到"读者"表的"数据表视图"，单击"单位"字段中的单元格，查看查阅列表的结果。

（3）输入 OLE 类型数据

在向表中输入数据时，除了输入文本型数据，还可以向表中输入图形、图像、Word 文件、Excel 文件等 Windows 所支持的链接或嵌入的对象。

【案例 2.3】为编号为 wn00001 的记录插入照片，照片存放在"实验数据库"文件夹中。

① 以"数据表视图"打开"读者"表，右击编号"wn00001"记录的照片字段，在弹出的快捷菜单中选择"插入对象"命令，弹出"Microsoft Access"对话框。

② 选择"由文件创建"单选按钮，单击"浏览"按钮，弹出"浏览"对话框，找到"实验数据库"文件并双击打开，选中"wn00001.jpg"文件，单击"确定"按钮返回到"Microsoft Access"对话框，如图 2.8 所示。

③ 单击"Microsoft Access"对话框中的"确定"按钮完成设置。

④ 切换到"读者"表的"数据表视图"，双击"wn00001"记录照片字段中的数据，查看该照片，如图 2.9 所示。

图 2.8　添加照片文件　　　　　　　　图 2.9　查看插入的照片

（4）数据的导入和导出

在 Access 数据库中，除了以上几种数据的输入方式外，还可以使用数据的导入和导出功能完成数据的输入和输出。例如，可以将 Excel 表、文本文件、其他 Access 数据库中的对象导入到当前数据库中。

【案例 2.4】将实验数据库文件夹下的"教师.xlsx"导入到当前数据库中，要求数据中第一行作为列标题，主键为"教师编号"字段，导入的表对象的名称为"Teacher1"。

① 打开"图书管理"数据库，单击"外部数据"选项卡"导入并链接"组中的"Excel"按钮，弹出"获取外部数据-Excel 电子表格"对话框。

② 选择"将源数据导入当前数据库的新表中"单选按钮，单击"浏览"按钮，找到"教师.xlsx"文件，单击"确定"按钮，打开"导入数据表向导"第 1 个对话框。

③ 该对话框列出了要导入的数据，单击"下一步"按钮，打开"导入数据表向导"第 2 个对话框，选中"第一行包含列标题"复选框。

④ 单击"下一步"按钮，打开"导入数据表向导"第 3 个对话框；单击"下一步"按钮，打开"导入数据表向导"第 4 个对话框，选择"让我自己选择主键"单选按钮，将"教师编号"设置为表的主键，如图 2.10 所示。

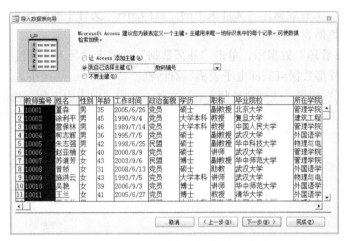

图 2.10　导入时设置"教师"表主键

⑤ 单击"下一步"按钮，打开"导入数据表向导"第 5 个对话框，修改表的名称为"Teacher1"。单击"完成"按钮。

⑥ 在"图书管理"数据库的"导航窗格"中打开表"Teacher1"，查看运行结果。

【案例 2.5】将"实验数据库"文件夹下的"教师.xlsx"导入到当前数据库中，要求数据中第一行作为列标题，导入其中的"教师编号""姓名""性别""年龄""工作时间" 5 个字段，主键为"教师编号"字段，导入的表对象的名称为"Teacher2"。

① 操作步骤的前 3 步可参考案例 2.4 的第①到③步。

② 单击"下一步"按钮，打开"导入数据表向导"第 3 个对话框，选择"政治面貌"列，选中"不导入字段（跳过）"复选框，如图 2.11 所示。

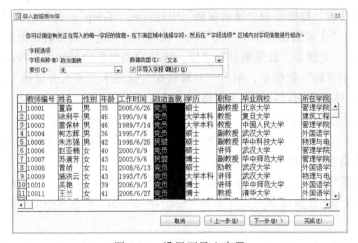

图 2.11　设置不导入字段

③ 用同样的方法，将后续字段设置为不导入。单击"下一步"按钮，打开"导入数据表向导"第 4 个对话框，选择"让我自己选择主键"单选按钮，将"教师编号"设为表的主键。

④ 单击"下一步"按钮，打开"导入数据表向导"第 5 个对话框，修改表的名称为"Teacher2"。单击"完成"按钮。

⑤ 在"图书管理"数据库的"导航窗格"中打开表"Teacher2"，查看运行结果。

【案例 2.6】将"实验数据库"文件夹下的"教师.xlsx"文件中的数据导入并追加到"图书管理"数据库中的数据表"Temp"中。

① 打开"图书管理"数据库，单击"外部数据"选项卡"导入并链接"组中的"Excel"按钮，弹出"获取外部数据-Excel 电子表格"对话框。

② 单击"浏览"按钮，找到"教师.xlsx"文件，选中"向表中追加一份记录的副本"单选按钮，并在其后的下拉列表中选择表"Temp"，单击"确定"按钮，打开"导入数据表向导"第 1 个对话框，如图 2.12 所示。

图 2.12　设置数据要追加到的目的表

③ 单击"下一步"按钮，直到完成所有步骤。

④ 在"图书管理"数据库的"导航窗格"中打开表"Temp"，查看运行结果。

【案例 2.7】将"实验数据库"文件夹下的"教师.xlsx"链接到当前数据库中，要求数据中第一行作为列标题，主键为"教师编号"字段，链接的表对象的名称为"Teacher3"。

① 打开"图书管理"数据库，单击"外部数据"选项卡"导入并链接"组中的"Excel"按钮，弹出"获取外部数据-Excel 电子表格"对话框。

② 选择"通过创建链接表来链接到数据源"单选按钮，单击"浏览"按钮，找到"教师.xlsx"文件，单击"确定"按钮，打开"导入数据表向导"第 1 个对话框，如图 2.13 所示。

③ 后续操作请参考案例 2.4 第③到⑤步。

④ 在"图书管理"数据库的"导航窗格"中打开表"Teacher3"，查看运行结果。

【案例 2.8】将"实验数据库"文件夹下"Sample1.accdb"数据库中的"教师"表导入到当前数据库中。

① 打开"图书管理"数据库，单击"外部数据"选项卡"导入并链接"组中的"Access"

按钮，弹出"获取外部数据–Access"对话框。

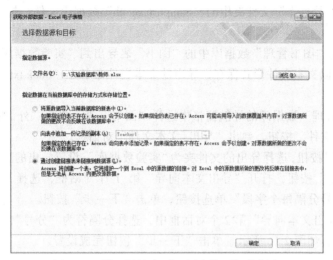

图 2.13 设置链接表到"图书管理"数据库

② 选择"将表、查询、窗体、报表、宏和模块导入当前数据库"单选按钮，单击"浏览"按钮，找到"Sample1.accdb"文件，单击"确定"按钮，弹出"导入对象"对话框。

③ 在"导入向导"对话框中选择"表"选项卡中的"教师"表，单击"确定"按钮，如图 2.14 所示。

④ 在"图书管理"数据库的"导航窗格"中打开表"教师"，查看运行结果。

【案例 2.9】将"图书管理"数据库中的"图书"表导出到"实验数据库"文件夹下的"Sample1.accdb"数据库文件中，要求只导出表结构定义，导出的表命名为"图书 jk"。

① 在"图书管理"数据库的导航窗格中选择"图书"表。

② 单击"外部数据"选项卡"导出"组中的"Access"按钮，弹出"导出–Access 数据库"对话框。

③ 单击"导出–Access 数据库"对话框中的"浏览"按钮，找到"Sample1.accdb"数据库，单击"保存"按钮。

④ 单击"导出–Access 数据库"对话框中的"确定"按钮，弹出"导出"对话框，选择"仅定义"单选按钮，如图 2.15 所示。

图 2.14 选择要导入的"教师"表

图 2.15 "导出"对话框

⑤ 单击"导出"对话框中的"确定"按钮，完成设置。

⑥ 打开"实验数据库"文件夹中的"Sample1.accdb"数据库文件，打开"图书 jk"表，查看运行结果。

【案例 2.10】将"图书管理"数据库中的"图书"表导出到"实验数据库"文件夹下，第一行包含字段名称，以文本文件形式保存，导出的文本文件命名为"Book.txt"，数据间的分隔符采用分号。

① 在"图书管理"数据库的导航窗格中选择"图书"表。单击"外部数据"选项卡"导出"组中的"文本文件"按钮，弹出"导出-文本文件"对话框。

② 单击"浏览"按钮，选择导出的文件夹为"实验数据库"，设置导出的文件名为"Book.txt"。

③ 单击"确定"按钮，打开"导出文本向导"第 1 个对话框，选择"带分隔符—用逗号或制表符之类的符号分隔每个字段"单选按钮，单击"下一步"按钮。

④ 在打开"导出文本向导"第 2 个对话框中，选择分隔符为"分号"，选中"第一行包含字段名称"复选框，如图 2.16 所示。单击"下一步"按钮完成设置。

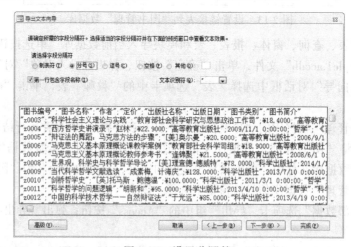

图 2.16 设置分隔符

⑤ 在"实验数据库"文件夹中打开"Book.txt"文件，查看运行结果。

5. 字段属性设置

字段属性说明字段所具有的某些特性，可以定义数据的保存、处理和显示方式。

（1）字段大小

字段大小属性用于限制输入到该字段的最大字符数量，当输入的数据超过该字段设置的字段大小时，系统将拒绝接受。

【案例 2.11】将"图书"表中"作者"字段的字段大小设置为 15。

① 打开"图书"表并切换到设计视图。

② 选择"作者"字段，在字段属性的字段大小文本框中输入 15，如图 2.17 所示。

③ 切换到"图书"表的"数据表视图"，在"作者"字段中输入数据，验证结果。

（2）格式

格式属性用来设置数据的显示格式。

【案例 2.12】设置"借阅"表中"借阅日期"字段的格式为"长日期"形式。

① 打开"借阅"表并切换到设计视图。

② 选择"借阅日期"字段，单击字段属性中的"格式"文本框，单击右侧的下拉按钮，在下拉列表中选择"长日期"，如图 2.18 所示。

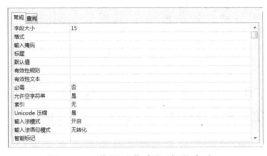 

图 2.17 设置"作者"字段大小　　　　图 2.18 设置"借阅日期"显示为"长日期"

③ 切换到"借阅"表的"数据表视图"，查看"借阅日期"字段数据的显示格式。

【案例 2.13】设置"图书"表中"出版日期"字段的格式为"××月××日××××年"形式。

① 以"设计视图"打开"学生"表。

② 选择"出版日期"字段，单击字段属性中的"格式"文本框，在本文框中输入 mm\月 dd\日\yyyy\年，如图 2.19 所示。

图 2.19 设置"出版日期"格式为××月××日××××年

③ 切换到"图书"表的"数据表视图"，查看"出版日期"字段数据的显示格式。

（3）输入掩码

输入掩码可以对用户输入到表中的数据进行限制。

【案例 2.14】将"读者"表中的输入的联系电话以"*"号显示。

① 打开"读者"表并切换到"设计视图"。

② 选择"联系电话"字段，在字段属性中单击"输入掩码"，单击右侧的 […] 按钮，弹出"输入掩码向导"对话框，选择"密码"选项，单击"下一步"按钮完成设置，如图 2.20 所示。

③ 切换到"读者"表的"数据表视图"，在"联系电话"字段中输入数据，查看结果。

【案例 2.15】设置"图书"表中"图书编号"字段为只能输入 5 为数字或字母形式。

① 打开"图书"表并切换到"设计视图"。

② 选择"图书编号"字段，在字段属性中单击"输入掩码"后的文本框，在文本框中输入 AAAAA，如图 2.21 所示。

③ 切换到"读者"表的"数据表视图"，在"图书编号"字段中输入数据，查看结果。

图 2.20　设置"联系电话"字段以"*"号显示　　图 2.21　设置"图书编号"字段的输入掩码

【案例 2.16】设置"读者"表中"读者编号"字段的输入掩码设置为"wn××××的形式"。其中，×为 0～9 的数字显示。

① 打开"读者"表并切换到"设计视图"。

② 选择"读者编号"字段，在字段属性中单击"输入掩码"后的文本框，在文本框中输入"wn"00000，如图 2.22 所示。

③ 切换到"读者"表的"数据表视图"，在"读者编号"字段中输入数据，查看结果。

【案例 2.17】设置"图书"表中"定价"字段中只能输入 3 位整数和两位小数（整数部分可以不足 3 位）。

① 打开"图书"表并切换到"设计视图"。

② 选择"定价"字段，在字段属性中单击"输入掩码"后的文本框，在文本框中输入 999.00，如图 2.23 所示。

图 2.22　设置"读者编号"字段的输入掩码　　图 2.23　设置"定价"字段的输入掩码

③ 切换到"读者"表的"数据表视图"，在"定价"字段中输入数据，查看结果。

（4）默认值

默认值是指在向表中输入数据之前，系统自动提供的数据。

【案例 2.18】将"读者"表中"性别"字段的默认值设置为"男"。

① 打开"读者"表并切换到"设计视图"。

② 选择"性别"字段，在字段属性中单击"默认值"后的文本框，在文本框中输入"男"，如图 2.24 所示。

③ 切换到"读者"表的"数据表视图"，查看"性别"字段的默认值。

【案例 2.19】将"借阅"表中"借阅日期"字段的默认值设置为系统当前日期。

① 打开"借阅"表并切换到"设计视图"。

② 选择"借阅日期"字段，在字段属性中单击"默认值"后的文本框，在文本框中输入

Date()，如图 2.25 所示。

图 2.24　设置"性别"字段默认值为"男"　图 2.25　设置"借阅日期"字段默认值为系统当前日期

③ 切换到"借阅"表的"数据表视图"，查看"借阅日期"字段的默认值。

【案例 2.20】将"图书"表中"出版日期"字段的默认值设置为下一年的 1 月 1 号（其中，年份值用函数获取）。

① 打开"图书"表并切换到"设计视图"。

② 选择"出版日期"字段，在字段属性中单击"默认值"后的文本框，在文本框中输入 Dateserial(Year(Date())+1,1,1)，如图 2.26 所示。

③ 切换到"图书"表的"数据表视图"，查看"出版日期"字段的默认值。

（5）有效性规则

【案例 2.21】设置"读者"表中"性别"字段的值为只能输入"男"或"女"。

① 打开"读者"表并切换到"设计视图"。

② 选择"性别"字段，在字段属性中单击"有效性规则"后的文本框，在文本框中输入 "男"Or"女"，如图 2.27 所示。

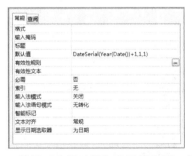

图 2.26　设置"出版日期"字段值为下一年 1 月 1 日　图 2.27　设置"性别"值只能输入"男"或"女"

③ 切换到"读者"表的"数据表视图"，在"性别"字段中输入数据进行验证。

【案例 2.22】设置"图书"表中"定价"字段的数据为只能输入大于或等于 0 或小于或等于 200 的价格。

① 打开"图书"表并切换到设计视图。

② 选择"定价"字段，在字段属性中单击"有效性规则"后的文本框，在文本框中输入 >=0 And <=200，如图 2.28 所示。

③ 切换到"图书"表的"数据表视图"，在"定价"字段中输入数据进行验证。

【案例 2.23】设置"图书"表中"图书名称"字段的数据不能为空值。

① 打开"图书"表并切换到设计视图。

② 选择"图书名称"字段，在字段属性中单击"有效性规则"后的文本框，在文本框中输入 Is Not Null，如图 2.29 所示。

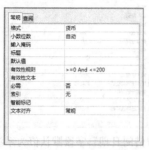

图 2.28　设置"定价"值只能输入 0~200　　　图 2.29　设置"图书名称"字段不能为空

③ 切换到"图书"表的"数据表视图"，在"图书名称"字段中不输入数据进行验证。

【案例 2.24】设置"借阅"表中"借阅日期"字段的数据为只能输入 9 月（含）以后的日期。

① 打开"借阅"表并切换到设计视图。

② 选择"借阅日期"字段，在字段属性中单击"有效性规则"后的文本框，在文本框中输入 Month([借阅日期])>=9，如图 2.30 所示。

③ 切换到"借阅"表的"数据表视图"，在"借阅日期"字段中输入数据进行验证。

【案例 2.25】设置"图书"表中"出版日期"字段的数据为只能输入上一年度 1 月 1 日以前（含）的日期。

① 打开"图书"表并切换到设计视图。

② 选择"出版日期"字段，在字段属性中单击"有效性规则"后的文本框，在文本框中输入<Dateserial(Year(date())-1,1,1)，如图 2.31 所示。

图 2.30　设置"借阅日期"字段值为 9 月　　　图 2.31　设置"出版日期"字段值为上一年 1 月 1 日
　　　　　以后日期　　　　　　　　　　　　　　　　　　以前日期

③ 切换到"图书"表的"数据表视图"，在"出版日期"字段中输入数据进行验证。

（6）有效性文本

当输入的数据违反了有效性规则，系统所给出的提示信息称为有效性文本。

【案例 2.26】设置"读者"表中"性别"字段的有效性文本为"请输入男或女!"。

① 打开"读者"表并切换到"设计视图"。

② 选择"性别"字段，在字段属性中单击"有效性文本"后的文本框，在文本框中输入"请输入男或女!"，如图 2.32 所示。

③ 切换到"读者"表的"数据表视图"，在"性别"字段中输入"男"和"女"以外的数据，查看运行结果。

（7）索引

索引能够提高数据查找和排序的速度。

【案例 2.27】将"读者"表中"姓名"字段设置为"有（有重复）"索引。

① 打开"读者"表并切换到设计视图。

② 选择"读者姓名"字段，单击字段属性中的"索引"文本框，单击右侧的下拉按钮，在下拉列表中选择"有（有重复）"选项，如图 2.33 所示。

图 2.32　设置"性别"字段的有效性文本　图 2.33　设置"读者姓名"字段的索引为"有（有重复）"

（8）标题

标题属性的内容可以在表中作为列的名称显示。标题中有内容时，表中列名称显示为标题内容。标题中没有内容时，表中列名称显示为字段名称。

【案例 2.28】将"读者"表中"读者编号"字段显示为"编号"。

① 打开"读者"表并切换到设计视图。

② 选择"读者编号"字段，在字段属性中单击"标题"后的文本框，在文本框中输入"编号"，如图 2.34 所示。

③ 切换到"读者"表的"数据表视图"，查看"读者编号"字段的显示标题。

（9）必需

必需属性用来设置字段是否允许出现空值。

【案例 2.29】将"读者"表中"读者姓名"字段设置为必填字段。

① 打开"读者"表并切换到设计视图。

② 选择"读者姓名"字段，单击字段属性中的"必需"文本框，单击右侧的下拉按钮，在下拉列表中选择"是"，如图 2.35 所示。

③ 切换到"读者"表的"数据表视图"，在"读者姓名"字段中不输入数据进行验证。

图 2.34　设置"读者编号"的标题为"编号"　　图 2.35　设置"读者姓名"字段为必填

6. 表的编辑

在创建数据表以后，可以对表的结构进行一些修改，在表中增加或删除某些记录，从而使表的结构更加合理，内容更加有效。

（1）修改表结构

可以在表中增加字段、删除字段和修改字段。

【案例 2.30】在"读者"表的"读者编号"字段和"读者姓名"字段之间增加一个字段，名称为"身份证号"，类型为文本型，字段大小为18。

① 打开"读者"表并切换到设计视图。

② 选择"读者编号"字段，单击"表格工具/设计"选项卡"工具"组中的"插入行"按钮，在"读者编号"字段和"读者姓名"字段之间新增加一行。

③ 在字段名称中输入"身份证号"，数据类型选择"文本"，字段大小设置为18，如图2.36所示。

④ 保存并切换到"读者"表的数据表视图，查看添加后的结果。

【案例 2.31】修改"读者"表中"身份证号"字段名称为"身份证"，字段大小为20。

① 打开"读者"表并切换到设计视图。

② 选择"身份证号"字段，将字段名称改为"身份证"，字段大小改为20，如图2.37所示。

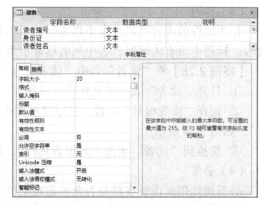

图 2.36 给"读者"表增加"身份证号"字段   图 2.37 修改"身份证号"字段名称及字段大小

③ 保存并切换到"读者"表的数据表视图，查看修改结果。

【案例 2.32】将"读者"表中"身份证"字段删除。

① 打开"读者"表并切换到设计视图。

② 选择"身份证"字段，单击"表格工具/设计"选项卡"工具"组中的"删除行"按钮。

③ 保存并切换到"读者"表的数据表视图，查看删除后的结果。

（2）编辑表内容

可以在表中添加记录、修改记录、删除记录以及查找和替换记录中的数据。

【案例 2.33】删除"读者"表中编号为"wn00001"的记录。

① 以"数据表"视图打开"读者"表。

② 选择编号为"wn00001"的记录，右击该记录，在弹出的快捷菜单中选择"删除记录"命令。

【案例 2.34】向"读者"表中插入一条记录，数据为："wn00001"，"董森"，"男"，#2005-6-26#，

"讲师"，"管理学院"，"131456521××"。

① 以"数据表"视图打开"读者"表。

② 在"读者"表的末尾处添加记录

【案例 2.35】查找"读者"表中性别为"男"的记录。

① 以"数据表视图"打开"读者"表。

② 单击"开始"选项卡"查找"组中的"查找"按钮，弹出"查找和替换"对话框，在"查找内容"文本框中输入"男"，如图 2.38 所示。

③ 单击"查找下一个"按钮，将查看下一个指定的内容。连续单击"查找下一个"按钮，可以将全部指定的内容查找出来。

④ 单击"取消"按钮或窗口"关闭"按钮，结束查找。

【案例 2.36】查找"读者"中"单位"为"经政学院"的所有记录，并将其值改为"经济政法学院"。

① 以"数据表视图"打开"读者"表。

② 单击"开始"选项卡"查找"组中的"替换"按钮，弹出"查找和替换"对话框，在"查找内容"文本框中输入"经政学院"，然后在"替换为"文本框中输入"经济政法学院"，在"查找范围"下拉列表框中选择"当前字段"，在"匹配"下拉列表框中选择"整个字段"，如图 2.39 所示。

图 2.38 查找"读者"表中性别为"男"的记录　　图 2.39 将"经政学院"替换为"经济政法学院"

③ 如果一次替换一个，则单击"查找下一个"按钮，找到后，单击"替换"按钮。如果要一次替换所有指定内容，则单击"全部替换"按钮。

注意，替换操作是不可恢复的操作，为避免替换操作失误，在进行替换操作前最好对表进行备份。

（3）调整表外观

调整表外观是为了使表看上去更加清楚、美观。调整表外观的操作包括：改变字段显示次序、调整行高和列宽、隐藏列、冻结列、设置数据表格式及字体。

【案例 2.37】将"读者"表中"读者编号"和"读者姓名"字段位置互换。

① 以"数据表视图"打开"读者"表。

② 将鼠标定位在"读者姓名"字段列的字段名上，鼠标变为一个粗体黑色下箭头，单击将"读者姓名"字段选中。

③ 将鼠标放在"读者姓名"字段列的字段名上，按下鼠标左键并拖动鼠标到"读者编号"字段前，释放鼠标左键，如图 2.40 所示。

【案例 2.38】设置"读者"表的行高为 14，列宽为 18。

① 以"数据表视图"打开"读者"表。

② 单击"开始"选项卡"记录"组中的"其他"下拉按钮，在下拉列表中选择"行高"

选项，弹出"行高"对话框，输入 14，如图 2.41 所示。

③ 单击"开始"选项卡"记录"组中的"其他"下拉按钮，在打开的下拉列表中选择"字段宽度"选项，弹出"列宽"对话框，输入 18，如图 2.42 所示。

图 2.40　改变"读者编号"和"读者姓名"的显示次序

图 2.41　设置行高为 14

图 2.42　设置列宽为 18

【案例 2.39】将"读者"表中的"照片"字段隐藏起来。

① 以"数据表视图"打开"读者"表。

② 选中"照片"字段，单击"开始"选项卡"记录"组中的"其他"下拉按钮，在下拉列表中选择"隐藏字段"选项，如图 2.43 所示。

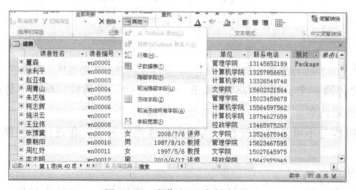

图 2.43　隐藏"照片"字段

【案例 2.40】将"读者"表中隐藏的字段显示出来。

① 以"数据表视图"打开"读者"表。

② 单击"开始"选项卡"记录"组中的"其他"下拉按钮，在下拉列表中选择"取消隐藏字段"选项。

【案例 2.41】将"读者"表中的"读者编号"字段冻结。

① 以"数据表视图"打开"读者"表。

② 选中"读者编号"字段，单击"开始"选项卡"记录"组中的"其他"下拉按钮，在下拉列表中选择"冻结字段"选项。

③ 拖动"读者"表下方的"水平滚动条"，查看效果，如图 2.44 所示。

【案例 2.42】设置"读者"表的显示格式，表的背景颜色为"蓝色"，网格线为"黑色"，文字字号为 12。

① 以"数据表视图"打开"读者"表。

② 单击"开始"选项卡"文本格式"组中的"设置数据表格式"按钮 ⬛，弹出"设置数据表格式"对话框，设置背景色为"蓝色"，网格线颜色为"黑色"，单击"确定"按钮完成设置，如图 2.45 所示。

图 2.44 冻结"读者编号"字段   图 2.45 设置背景色和网格线颜色

③ 在"开始"选项卡"文本格式"组中将"字号"设置为 12。

④ 在"数据表视图"中查看设置结果。

7. 排序和筛选

数据表建好之后，可以对表中的数据进行排序和筛选。

【案例 2.43】在"读者"表中，按"读者编号"字段值降序排序。

① 以"数据表视图"打开"读者"表。

② 选中"读者编号"字段，单击"开始"选项卡"排序和筛选"组中的"降序"按钮 ᴢↆ，结果如图 2.46 所示。

图 2.46 设置按"读者编号"字段值降序排序

【案例 2.44】在"读者"表中按"性别"升序排序，再按"工作时间"降序排序。

① 使用"数据表视图"打开"读者"表。单击"开始"选项卡"排序和筛选"组中的"高级筛选选项"下拉按钮 🔽，在下拉列表中选择"高级筛选/排序"选项，打开"筛选"窗口。

② 在"筛选"窗口中分别双击字段列表中的"性别"和"工作时间"2 个字段，将其添加到设计网格中。

③ 单击设计网格中"性别"字段下的"排序"单元格右侧的下拉按钮，在下拉列表中选

择"升序"。用相同的方法将"工作时间"的排序方式设置为"降序"，如图 2.47 所示。

④ 单击"开始"选项卡"排序和筛选"组中的"高级筛选选项"下拉按钮 🔽，在下拉列表中选择"应用筛选/排序"选项，显示排序结果。

【案例 2.45】在"读者"表中筛选出单位为"管理学院"的读者。

① 使用"数据表视图"打开"读者"表。在"单位"字段中找到"管理学院"并选中。

② 单击"开始"选项卡"排序和筛选"组中的"选择"下拉按钮 🔽 选择 ▾，从下拉列表中选择"等于"管理学院""选项，如图 2.48 所示。

图 2.47　设置按"性别"字段升序"工作时间"字段降序排序　　图 2.48　筛选选项

【案例 2.46】在"图书"表中筛选出定价大于 100（含）的图书记录。

① 用"数据表视图"打开"图书"表，单击"定价"字段右侧的下拉按钮，在下拉列表中选择"数字筛选器"。

② 在"数字选择器"的二级子菜单中选择"大于"选项，弹出"自定义筛选"对话框。在"定价大于或等于"文本框中输入 100，单击"确定"按钮，如图 2.49 所示。

【案例 2.47】在"读者"表中筛选出"管理学院"的"男"读者。

① 用"数据表视图"打开"读者"表，单击"开始"选项卡"排序和筛选"组中的"高级筛选选项"下拉按钮 🔽，在下拉列表中选择"按窗体筛选"选项。此时，数据表视图变为"读者：按窗体筛选"窗口。

② 在"读者：按窗体筛选"窗口的"性别"字段中输入"男"；在"单位"字段中输入"管理学院"，如图 2.50 所示。

图 2.49　设置"定价"大于或等于 100　　　图 2.50　"读者：按窗体筛选"窗口设置结果

③ 单击"开始"选项卡"排序和筛选"组中的"切换筛选"按钮 🔽 切换筛选，完成筛选操作。

【案例 2.48】在"读者"表中筛选出"文学院"的"女"教师，并按"工作时间"降序排序。

① 用"数据表视图"打开"读者"表，单击"开始"选项卡"排序和筛选"组中的"高级筛选选项"下拉按钮 🔽，在下拉列表中选择"高级筛选/排序"选项，打开"筛选"窗口。

② 分别双击字段列表中的"性别""单位""工作时间"3 个字段，将其添加到设计网格中。

③ 在"性别"字段的"条件"单元格输入"女"；在"单位"字段的"条件"单元格中输入"文学院"；单击"工作时间"字段下的"排序"单元格右侧的下拉按钮，在下拉列表中选择

"降序"，如图 2.51 所示。

图 2.51　高级筛选设置

④ 单击"开始"选项卡"排序和筛选"组中的"切换筛选"按钮 ，完成筛选操作。

三、实验思考

1．使用数据表视图怎样创建表，操作步骤如何完成？

2．如何建立表间关系，判断依据是什么？

3．如何设置及验证表中数据的参照完整性？

4．表中的数据类型各有什么特点？

5．表中各个字段属性的含义以及它们的相关操作如何完成？

6．怎样修改表的结构，包括哪些操作？

7．如何在表中完成查找和替换、排序和筛选等操作？

实验 ③ 查询设计

一、实验目的

1. 理解查询的基本概念及功能。
2. 掌握查询条件的表示方法。
3. 理解并掌握选择查询的特点及创建方法。
4. 理解并掌握查询计算功能的特点及创建方法。
5. 理解并掌握交叉表查询的特点及创建方法。
6. 理解并掌握参数查询的特点及创建方法。
7. 理解并掌握操作查询的特点及创建方法。
8. 理解并掌握 SQL 语句的语法及使用方法。

二、实验内容

1. 选择查询

【**案例 3.1**】创建一个查询，查找"图书"表中"高等教育出版社"的记录，并显示"图书编号""图书名称""作者""定价""出版社名称" 5 列信息，所建查询命名为"高等教育出版社图书"。

① 打开"查询设计视图"，将"图书"表添加到设计视图上半部分"字段列表"区。

② 添加查询字段并设置显示字段。分别双击"图书编号""图书名称""作者""定价""出版社名称"字段，将它们添加到"设计网格"区的字段行上。

③ 输入查询条件。在"出版社名称"字段的"条件"行中输入："高等教育出版社"，如图 3.1 所示。

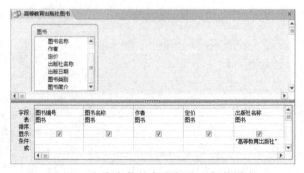

图 3.1　查询高等教育出版社出版的图书

④ 保存查询。单击快速访问工具栏中的"保存"按钮，弹出"另存为"对话框，输入"高等教育出版社图书"，单击"确定"按钮保存查询。

⑤ 切换到数据表视图，查看查询结果。

【案例 3.2】创建一个查询，查找"读者"表中"计算机"学院的"男"读者信息，并显示"读者编号""读者姓名""职称""单位"4 列信息，所建查询命名为"计算机学院男读者信息"。

① 打开"查询设计视图"，将"读者"表添加到设计视图上半部分"字段列表"区。

② 将"读者编号""读者姓名""性别""职称""单位"字段添加到"设计网格"区的字段行上，将"性别"字段"显示"行上复选框内的√去掉。

③ 在"性别"字段的"条件"行中输入"男"，在"单位"字段的"条件"行中输入"计算机学院"，如图 3.2 所示。

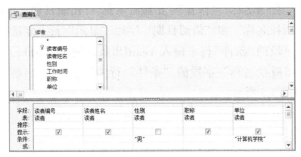

图 3.2　查询计算机学院男读者信息

④ 保存查询并切换到数据表视图，查看运行结果。

【案例 3.3】创建一个查询，查找文学院读者的图书借阅信息，并显示"读者编号""读者姓名""图书名称""借阅日期"4 列信息，所建查询命名为"文学院读者借阅信息"。

① 打开"查询设计视图"，将"读者"表、"图书"表和"借阅"表添加到设计视图上半部分"字段列表"区。

② 将"读者编号""读者姓名""单位""图书名称""借阅日期"字段添加到"设计网格"区的字段行上，将"单位"字段"显示"行上复选框内的√去掉。

③ 在"单位"字段的"条件"行中输入"文学院"，如图 3.3 所示。

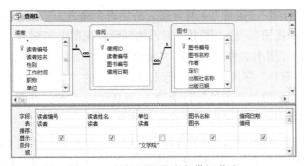

图 3.3　查询文学院读者借阅信息

④ 保存查询并切换到数据表视图，查看运行结果。

【案例 3.4】创建一个查询，查找 2010 年的图书借阅信息，并显示"图书编号""图书名称"

"作者"3 列信息，所建查询命名为"2010 年图书借阅信息"。

① 打开"查询设计视图"，将"图书"表和"借阅"表添加到设计视图上半部分"字段列表"区。

② 将"图书编号""图书名称""作者""借阅日期"字段添加到"设计网格"区的字段行上，将"借阅日期"字段"显示"行上复选框内的"√"去掉。

③ 在"借阅日期"字段的"条件"行中输入 Year([借阅日期])=2010，如图 3.4 所示。

④ 保存查询并切换到数据表视图，查看运行结果。

【案例 3.5】创建一个查询，查找科学出版社 2011 年（含）以前或人民邮电出版社 2012 年（含）以后出版的图书信息，并显示"图书编号""图书名称""作者"3 列信息，所建查询命名为"2011 年以前或 2012 年以后图书信息"。

① 打开"查询设计视图"，将"图书"表添加到设计视图上半部分"字段列表"区。

② 将"图书编号""图书名称""作者""出版社名称""出版日期"字段添加到"设计网格"区的字段行上，将"出版社名称"和"借阅日期"字段"显示"行上复选框内的"√"去掉。

③ 在"出版日期"字段的"条件"行中输入 Year([出版日期])<=2011，在"或"行输入 Year([出版日期])>=2012；在"出版社名称"字段的"条件"行中输入"科学出版社"，在"或"行输入"人民邮电出版社"，如图 3.5 所示。

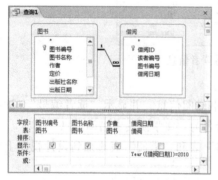
图 3.4　查询 2010 年图书借阅信息

图 3.5　查询 2011 年以前或 2012 年以后图书信息

④ 保存查询并切换到数据表视图，查看运行结果。

【案例 3.6】创建一个查询，查找图书简介中包含"文学"两个字的图书信息，并显示"图书编号""图书名称""作者""定价"4 列信息，所建查询命名为"简介包含文学图书信息"。

① 打开"查询设计视图"，将"图书"表添加到设计视图上半部分"字段列表"区。

② 将"图书编号""图书名称""作者""定价""图书简介"字段添加到"设计网格"区的字段行上，将"图书简介"字段"显示"行上复选框内的"√"去掉。

③ 在"图书简介"字段的"条件"行中输入：Like"*文学*"，如图 3.6 所示。

④ 保存查询并切换到数据表视图，查看运行结果。

【案例 3.7】创建一个查询，查找图书名称中不包含"计算机"三个字的图书信息，并显示"图书编号""图书名称""作者""定价"4 列信息，所建查询命名为"名称不包含计算机图书信息"。

① 打开"查询设计视图"，将"图书"表添加到设计视图上半部分"字段列表"区。

② 将"图书编号""图书名称""作者""定价""图书简介"字段添加到"设计网格"区

的字段行上。

③ 在"图书名称"字段的"条件"行中输入：Not Like"*计算机*"，如图3.7所示。

图3.6 查询简介包含文学图书信息　　　图3.7 查询名称不包含计算机图书信息

④ 保存查询并切换到数据表视图，查看运行结果。

【案例3.8】创建一个查询，查找科学出版社出版的单价在50～100之间（含50和100）的哲学类图书，并显示"图书编号""图书名称""定价"3列信息，所建查询命名为"科学出版社50到100哲学图书"。

① 打开"查询设计视图"，将"图书"表添加到设计视图上半部分"字段列表"区。

② 将"图书编号""图书名称""定价""出版社名称""图书类别"字段添加到"设计网格"区的字段行上，将"出版社名称"字段和"图书类别"字段"显示"行上复选框内的"√"去掉。

③ 在"定价"字段的"条件"行中输入 Between 50 And 100，在"出版社名称"字段的"条件"行中输入"科学出版社"，在"图书类别"字段的"条件"行中输入"哲学"。如图3.8所示。

④ 保存查询并切换到数据表视图，查看运行结果。

【案例3.9】创建一个查询，查找读者表中姓名第一个字为李，第三个字为明的记录，并显示"读者编号""读者姓名""单位"三列信息，所建查询命名为"李某明的读者信息"。

① 打开"查询设计视图"，将"读者"表添加到设计视图上半部分"字段列表"区。

② 将"读者编号""读者姓名""单位"字段添加到"设计网格"区的字段行上。

③ 在"读者姓名"字段的"条件"行中输入 Like"李*明"，如图3.9所示。

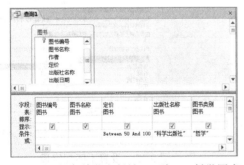 

图3.8 查询科学出版社50到100哲学图书　　　图3.9 查询李某明的读者信息

④ 保存查询并切换到数据表视图，查看运行结果。

【案例3.10】创建一个查询，查找文学院工龄在10年（含）以上的读者信息，并显示"读者编号""读者姓名""单位"3列信息，所建查询命名为"文学院10年以上工龄读者信息"。

① 打开"查询设计视图"，将"读者"表添加到设计视图上半部分"字段列表"区。

② 将"读者编号""读者姓名""工作时间""单位"字段添加到"设计网格"区的字段行上,将"工作时间"字段"显示"行上复选框内的"√"去掉。

③ 在"工作时间"字段的"条件"行中输入 Year(date())–Year([工作时间])>=10,在"单位"字段的"条件"行中输入"文学院",如图 3.10 所示。

④ 保存查询并切换到数据表视图,查看运行结果。

【案例 3.11】创建一个查询,查询没有借书的读者信息,并显示"读者编号"和"读者姓名"两列信息,所建查询命名为"没有借书读者信息"。

① 在 Access 窗口中,单击"创建"选项卡"查询"组中的"查询向导"按钮,打开"查找不匹配项查询向导"第 1 个对话框。

② 选择查询结果中要求显示记录的表。这里查询结果要显示"读者编号"和"读者姓名",在该对话框中选择"表:读者"选项,如图 3.11 所示。

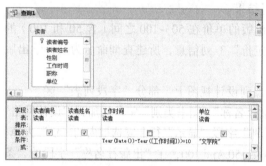

图 3.10 查询文学院 10 年以上工龄读者信息

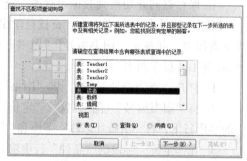

图 3.11 选择查询结果中包含字段的表

③ 单击"下一步"按钮,打开"查找不匹配项查询向导"第 2 个对话框,选择"表:借阅"选项,如图 3.12 所示。

④ 单击"下一步"按钮,打开"查找不匹配项查询向导"第 3 个对话框。确定两个表中都有的信息为"读者编号"字段。选中两个表的"读者编号",单击对话框中的 <=> 按钮进行字段匹配,如图 3.13 所示。

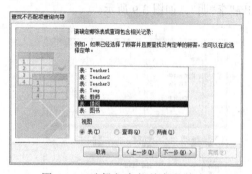

图 3.12 选择包含相关字段的表

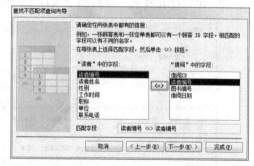

图 3.13 设置不匹配字段

⑤ 单击"下一步"按钮,打开"查找不匹配项查询向导"第 4 个对话框。选择查询结果要显示的字段,这里选择"读者编号"和"读者姓名"。

⑥ 单击"下一步"按钮,打开"查找不匹配项查询向导"最后一个对话框。在"指定查询名称"文本框中输入"没有借书读者信息",单击"完成"按钮查看结果。

2. 查询中进行计算

【案例 3.12】统计"读者"表中的读者人数，所建查询命名为"读者人数"。

① 打开"查询设计视图"，将"读者"表添加到"字段列表"区。

② 将"读者编号"字段添加到"设计网格"中。

③ 单击"查询工具/设计"选项卡"显示/隐藏"组中的"汇总"按钮Σ，在"设计网格"中增加一个"总计"行，并自动将"总计"行显示为"Group By"。

④ 单击"读者编号"字段"总计"行右侧的下拉按钮，在下拉列表中选择"计数"选项，如图 3.14 所示。

⑤ 保存查询。切换到数据表视图，查看查询结果。

【案例 3.13】统计 1995 年参加工作的读者人数，所建查询命名为"1995 年参加工作读者人数"。

① 打开"查询设计视图"，将"读者"表添加到"字段列表"区。

② 将"工作时间""读者编号"字段添加到"设计网格"中。

③ 在"工作时间"字段的"条件"行中输入 Year([工作时间])=1995。

④ 单击"查询工具/设计"选项卡"显示/隐藏"组中的"汇总"按钮Σ，在"读者编号"字段的"总计"行选择"计数"，在"工作时间"字段的"总计"行选择"Where"，如图 3.15 所示。

图 3.14　统计读者人数

图 3.15　统计 1995 年参加工作读者人数

⑤ 保存查询并切换到数据表视图，查看运行结果。

【案例 3.14】统计各个单位读者人数，所建查询命名为"各单位读者人数"。

① 打开"查询设计视图"，将"读者"表添加到"字段列表"区。

② 将"单位""读者编号"字段添加到"设计网格"中。

③ 单击"查询工具/设计"选项卡"显示/隐藏"组中的"汇总"按钮Σ，保留"单位"字段"总计"行中的"Group By"，单击"读者编号"字段"总计"行右侧的下拉按钮，在下拉列表中选择"计数"选项，如图 3.16 所示。

④ 保存查询并切换到数据表视图，查看运行结果。

【案例 3.15】统计各出版社图书的平均单价，所建查询命令为"各出版社图书平均单价"。

① 打开"查询设计视图"，将"图书"表添加到"字段列表"区。

② 将"出版社名称""定价"字段添加到"设计网格"中。

③ 单击"查询工具/设计"选项卡"显示/隐藏"组中的"汇总"按钮Σ，保留"出版社名

称"字段"总计"行中的"Group By",单击"定价"字段"总计"行右侧的下拉按钮,在下拉列表中选择"平均值",如图 3.17 所示。

图 3.16   统计各单位读者人数　　　　　图 3.17   统计各出版社图书平均单价

④ 保存查询并切换到数据表视图,查看运行结果。

【案例 3.16】将案例 3.15 中的平均单价四舍五入保留至整数。

① 以设计视图打开"各出版社图书平均单价"查询。

② 在"定价"字段设计网格中输入 Round(Avg([定价]),0),单击"定价"字段"总计"行右侧的下拉按钮,在下拉列表中选择"Expression",如图 3.18 所示。

③ 保存查询并切换到数据表视图,查看运行结果。

【案例 3.17】将案例 3.16 中结果所显示的字段名"表达式 1"改为"平均单价"。

① 以设计视图打开"各出版社图书平均单价"查询。

② 在"设计网格"中将"表达式 1:"改为"平均单价:",如图 3.19 所示。

图 3.18   各出版社图书平均单价四舍五入保留整数　　图 3.19   修改查询结果所显示的字段标题

③ 保存查询并切换到数据表视图,查看运行结果。

【案例 3.18】创建一个查询,查找读者信息,并显示"读者编号""读者姓名""单位""工龄"4 列信息,所建查询命名为"读者工龄信息"。

① 打开"查询设计视图",将"读者"表添加到"字段列表"区。

② 将"读者编号""读者姓名""单位"字段添加到"设计网格"中。在设计网格的第 4 列"字段"行中输入"工龄:Year(Date())-Year([工作时间])",如图 3.20 所示。

③ 保存查询并切换到数据表视图,查看运行结果。

【案例 3.19】创建一个查询,计算并输出读者最大工龄与最小工龄的差值,字段名称显示 M_Age 一列信息,所建查询命名为"读者工龄差值"。

① 打开"查询设计视图",将"读者"表添加到"字段列表"区。

② 在设计网格的第 1 列"字段"行中输入"M_Age:Max(Year(Date())-Year([工作时间]))-Min(Year(Date())-Year([工作时间]))",如图 3.21 所示。

图 3.20 查询读者工龄信息   图 3.21 查询读者最大工龄与最小工龄差值

③ 保存查询并切换到数据表视图,查看运行结果。

【案例 3.20】创建一个查询,按照"图书编号"的第 1 位字符分组,分别统计各类图书的数量,并显示"图书类别"和"图书数量"两列信息,所建查询命名为"各类图书数量"。

① 打开"查询设计视图",将"图书"表添加到"字段列表"区。

② 在"设计网格"的第1列"字段"行中输入:图书类别:Left([图书编号],1),将"图书编号"字段添加到"字段"行第 2 列。

③ 单击"查询工具/设计"选项卡"显示/隐藏"组中的"汇总"按钮 Σ,保留"图书类别"字段"总计"行中的"Group By",单击"图书编号"字段"总计"行右侧的下拉按钮,在下拉列表中选择"计数"选项,如图 3.22 所示。

④ 保存查询并切换到数据表视图,查看运行结果。

【案例 3.21】创建一个查询,查找读者的"读者编号""读者姓名""联系电话",然后将其中的"读者编号""读者姓名"字段合二为一,这样,查询的 3 个字段内容以两列形式显示,字段名称分别为"编号姓名"和"联系电话",所建查询命名为"读者基本信息"。

① 打开"查询设计视图",将"读者"表添加到"字段列表"区。

② 在"设计网格"的第 1 列"字段"行中输入:编号姓名:[读者编号]+[读者姓名]。将"联系电话"字段添加到"设计网格"字段行第 2 列,如图 3.23 所示。

图 3.22 查询各类图书数量   图 3.23 将读者编号和读者姓名合并显示

③ 保存查询并切换到数据表视图,查看运行结果。

【案例 3.22】创建一个查询，按"图书类别"字段分组查找计算每类图书数量在 25 种（含）以上的图书的平均价格，并显示"图书类别""图书数量""平均价格"3 列信息，所建查询命名为"图书数量 25 种以上平均价格"。

① 打开"查询设计视图"，将"图书"表添加到"字段列表"区。

② 将"图书类别""图书编号""定价"字段添加到"设计网格"中。

③ 单击"查询工具/设计"选项卡"显示/隐藏"组中的"汇总"按钮 Σ，保留"图书类别"字段"总计"行中的"Group By"，单击"图书编号"字段"总计"行右侧的下拉按钮，在下拉列表中选择"计数"选项；单击"定价"字段"总计"行右侧的下拉按钮，在下拉列表中选择"平均值"选项；在"图书编号"字段的"条件"行中输入>=25；在"图书编号"字段的左侧加上"图书数量:"，在"定价"字段的左侧加上"平均价格:"，如图 3.24 所示。

④ 保存查询并切换到数据表视图，查看运行结果。

【案例 3.23】创建一个查询，按"图书类别"分类统计最高定价与最低定价的差，并显示"图书类别""最高单价与最低单价的差"两列信息，所建查询命令为"各类图书最高单价与最低单价差值"。

① 打开"查询设计视图"，将"图书"表添加到"字段列表"区。

② 将"图书类别"字段添加到"设计网格"中，在"设计网格"字段行第 2 列中输入：最高单价与最低单价的差:Max([定价])-Min([定价])。单击"查询工具/设计"选项卡"显示/隐藏"组中的"汇总"按钮 Σ，保留"图书类别"字段"总计"行中的"Group By"，单击"最高单价与最低单价的差"字段"总计"行右侧的下拉按钮，在下拉列表中选择"Expression"选项，如图 3.25 所示。

图 3.24　查询图书数量 25 种以上平均价格　　图 3.25　各类图书最高单价与最低单价差值

③ 保存查询并切换到数据表视图，查看运行结果。

3. 交叉表查询

【案例 3.24】用交叉表查询向导，创建一个交叉表查询，统计各职称男女读者人数。

① 在 Access 窗口中单击"创建"选项卡"查询"组中的"查询向导"按钮，弹出"新建查询向导"对话框，选择"交叉表查询向导"选项，单击"确定"按钮，打开"交叉表查询向导"第 1 个对话框。

② 在"交叉表查询向导"第 1 个对话框中选择查询的数据来源"读者"表，如图 3.26 所示。

③ 单击"下一步"按钮，打开"交叉表查询向导"第 2 个对话框，选择第 1 个分组字段

"职称"并作为行标题，如图 3.27 所示。

图 3.26 选择交叉表查询数据来源

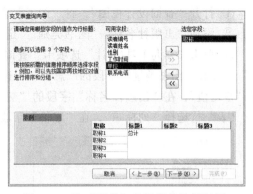

图 3.27 按"职称"分组并作为行标题

④ 单击"下一步"按钮，打开"交叉表查询向导"第 3 个对话框，选择第 2 个分组字段"性别"并作为列标题，如图 3.28 所示。

⑤ 单击"下一步"按钮，打开"交叉表查询向导"第 4 个对话框，选择"读者编号"字段，在"函数"列表框中选择"Count"，如图 3.29 所示。

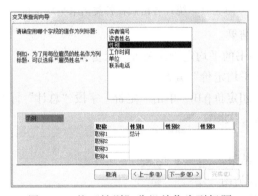

图 3.28 按"性别"分组并作为列标题

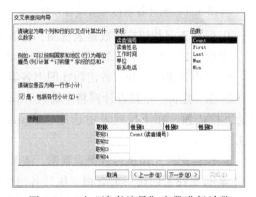

图 3.29 对"读者编号"字段进行计数

⑥ 单击"下一步"按钮，打开"交叉表查询向导"第 5 个对话框，单击"完成"按钮，查看运行结果。

【案例 3.25】使用查询设计视图，创建一个交叉表查询，统计各职称男女读者人数，所建查询命名为"各职称男女读者人数"。

① 打开"查询设计视图"，将"读者"表添加到"字段列表"区。

② 添加"职称""性别""读者编号"字段到"设计网格"中。

③ 单击"查询工具/设计"选项卡"查询类型"组中的"交叉表"按钮▦，在"设计网格"中增加一个"总计行"和一个"交叉表"行。在"职称"字段和"性别"字段的"总计"行选择"Group By"，在"读者编号"字段的"总计"行选择"计数"；在"职称"字段的"交叉表"行选择"行标题"，在"性别"字段的"交叉表"行选择"列标题"，在"读者编号"字段的"交叉表"行选择"值"，如图 3.30 所示。

④ 保存查询并切换到数据表视图，查看运行结果。

【案例 3.26】创建一个查询，统计各出版社各类图书的平均定价，所建查询命名为"各出版社各类图书平均定价"。

① 打开"查询设计视图",将"图书"表添加到"字段列表"区。

② 添加"出版社名称""图书类别""定价"字段到"设计网格"中。

③ 单击"查询工具/设计"选项卡"查询类型"组中的"交叉表"按钮▇▇▇，在"出版社名称"字段和"图书类别"字段的"总计"行选择"Group By"，在"定价"字段的"总计"行选择"平均值"；在"出版社名称"字段的"交叉表"行选择"行标题"，在"图书类别"字段的"交叉表"行选择"列标题"，在"定价"字段的"交叉表"行选择"值"，如图 3.31 所示。

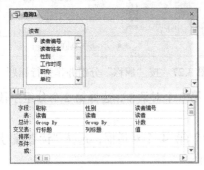

图 3.30 统计各职称男女读者人数

图 3.31 统计各出版社各类图书平均定价

④ 保存查询并切换到数据表视图，查看运行结果。

【案例 3.27】将案例 3.26 中的各出版社各类图书的平均定价四舍五入保留至整数。

① 以设计视图打开"各出版社图书各类图书平均定价"查询。

② 在"定价"字段设计网格中输入 Round(Avg([定价]),0)，单击"定价"字段"总计"行右侧的下拉按钮，在下拉列表中选择"Expression"，如图 3.32 所示。

③ 保存查询并切换到数据表视图，查看运行结果。

【案例 3.28】创建一个查询，统计各出版社各类图书的平均定价。要求：平均定价四舍五入保留整数，图书类别使用"图书编号"字段的第一个字符表示，所建查询命名为"各出版社各类图书平均单价"。

① 打开"查询设计视图"，将"图书"表添加到"字段列表"区。

② 添加"出版社名称"字段到"字段"行第 1 列、在"设计网格"的第 2 列"字段"行中输入：图书类

图 3.32 各出版社各类图书平均单价
四舍五入保留整数

别:Left([图书编号],1)，在"设计网格"的第 3 列"字段"行中输入：平均定价:Round(Avg([定价]),0)。

③ 单击"查询工具/设计"选项卡"查询类型"组中的"交叉表"按钮▇▇▇，在"出版社名称"字段和"图书类别"字段的"总计"行选择"Group By"，在"平均定价"字段的"总计"行输入 Expression；在"出版社名称"字段的"交叉表"行选择"行标题"，在"图书类别"字段的"交叉表"行选择"列标题"，在"平均定价"字段的"交叉表"行选择"值"，如图 3.33 所示。

④ 保存查询并切换到数据表视图，查看运行结果。

【案例 3.29】创建一个查询，统计各单位男女读者的平均工龄。要求：工龄的平均值直接舍去小数，保留整数。所建查询命名为"各单位男女读者平均年龄"。

① 打开"查询设计视图"，将"读者"表添加到"字段列表"区。

② 添加"单位""性别"字段到"设计网格"中。在"设计网格"的第 3 列"字段"行中输入：年龄: Int(Avg(Year(Date())–Year([工作时间]))) 。

③ 单击"查询工具/设计"选项卡"查询类型"组中的"交叉表"按钮▩▩，在"单位"字段和"性别"字段的"总计"行选择"Group By"，在"年龄"字段的"总计"行选择"Expression"；在"单位"字段的"交叉表"行选择"行标题"，在"性别"字段的"交叉表"行选择"列标题"，在"工龄"字段的"交叉表"行选择"值"，如图 3.34 所示。

图 3.33　统计各出版社各类图书平均单价

图 3.34　统计各单位男女读者平均年龄

④ 保存查询并切换到数据表视图，查看运行结果。

4. 参数查询

【案例 3.30】创建一个查询，当运行该查询时，显示参数提示信息"请输入读者姓名:"。根据输入的读者姓名查找读者的"读者编号""读者姓名""图书名称""借阅日期"，所建查询命名为"读者信息"。

① 打开"查询设计视图"，将"读者"表、"图书"表和"借阅"表添加到"字段列表"区。

② 添加"读者编号""读者姓名""图书名称""借阅日期"字段到"设计网格"中。在"读者姓名"字段的条件行中输入：[请输入读者姓名:]，如图 3.35 所示。

③ 保存并运行查询，出现"输入参数值"对话框，如图 3.36 所示。

图 3.35　学生基本信息查询设计

图 3.36　输入学生姓名

④ 保存并运行查询，在"请输入读者姓名"文本框中输入读者姓名，单击"确定"按钮，查看运行结果。

【案例 3.31】创建一个查询，查找某单位某读者的借阅信息，并显示"读者编号""读者姓名""图书名称""借阅日期"4 列信息，所建查询命名为"某单位某读者的借阅信息"。

① 打开"查询设计视图"，将"读者"表、"图书"表和"借阅"表添加到"字段列表"区。

② 添加"读者编号""读者姓名""单位""图书名称""借阅日期"字段到"设计网格"中。在"读者姓名"字段的条件行中输入：[请输入读者姓名：]，在"单位"字段的条件行中输入：[请输入所在单位：]，将"单位"字段"显示"行上复选框内的"√"去掉，如图 3.37 所示。

③ 在"请输入读者姓名："和"请输入所在单位："文本框中输入读者姓名和单位，单击"确定"按钮，查看运行结果。

【案例 3.32】创建一个查询，要求通过输入的图书定价范围查询图书信息，并显示"图书编号""图书名称""作者""定价"4 列信息。所建查询命名为"指定定价范围的图书信息"。

① 打开"查询设计视图"，将"图书"表和"选课成绩"表添加到"字段列表"区。

② 添加"图书编号""图书名称""作者""定价"字段到"设计网格"中。在"定价"字段的条件行中输入： Between [请输入定价下限：] and [请输入定价上限：]，如图 3.38 所示。

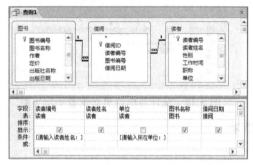

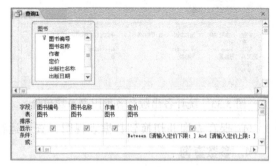

图 3.37　某单位某读者的借阅信息设计　　　　图 3.38　指定定价范围的图书信息查询设计

③ 保存并运行查询，在"请输入定价下限："和"请输入定价上限："文本框中输入定价下限值和上限值，单击"确定"按钮，查看运行结果。

【案例 3.33】创建一个查询，根据输入的图书分类号（图书分类号为图书编号的第 1 位）和出版社名称，查找图书的基本信息，并显示"图书分类号""图书编号""图书名称""作者""定价"5 列信息，所建查询命名为"指定分类号和出版社的图书信息"。

① 打开"查询设计视图"，将"图书"表添加到"字段列表"区。

② 在"设计网格"的第 1 列"字段"行中输入：图书分类号:Left([图书编号],1)。添加"图书编号""图书名称""作者""定价""出版社名称"字段到"设计网格"中。

③ 在"图书分类号"字段的条件行中输入[请输入图书分类号：]，在"出版社名称"字段的条件行中输入[请输入出版社名称：]，将"出版社名称"字段"显示"行上复选框内的"√"去掉，如图 3.39 所示。

④ 保存并运行查询，在"请输入图书分类号："和"请输入出版社名称："文本框中输入图书分类号和出版社名称，单击"确定"按钮，查看运行结果。

【案例 3.34】创建一个查询，根据输入的图书简介信息在"图书简介"字段中查找具有指定简介信息的图书，显示"图书编号""图书名称""作者""出版日期"4 列信息，运行查询时，显示参数提示信息"请输入简介信息："，所建查询命名为"图书简介"。

① 打开"查询设计视图"，将"图书"表添加到"字段列表"区。

② 添加"图书编号""图书名称""作者""出版日期""图书简介"字段到"设计网格"中。在"图书简介"字段的条件行中输入 Like"*"& [请输入简介信息：] &"*"，将"图书简介"字段"显示"行上复选框内的"√"去掉，如图 3.40 所示。

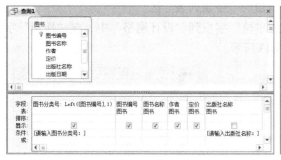

图 3.39　指定分类号和出版社的图书信息查询设计　　　图 3.40　图书简介查询设计

③ 保存并运行查询，在"请输入简介信息"文本框中输入图书简介相关内容，单击"确定"按钮，查看运行结果。

【案例 3.35】创建一个查询，当运行该查询时，显示参数提示信息"请输入要比较的定价："，输入要比较的定价后，该查询查找各类图书平均定价大于输入值的图书信息，并显示"图书类别""平均定价"两列信息。所建查询命名为"各类图书平均定价大于输入定价"。

① 打开"查询设计视图"，将"图书"表添加到"字段列表"区。

② 添加"图书类别""定价"字段到"设计网格"中。单击"查询工具/设计"选项卡"显示/隐藏"组中的"汇总"按钮 Σ，在"图书类别"字段的"总计"行选择"Group By"，在"定价"字段的"总计"行选择"平均值"，在"定价"字段的左侧加上"平均定价:"。在"平均分"字段的条件行中输入">[请输入要比较的定价：]"，如图 3.41 所示。

图 3.41　平均定价大于输入定价查询设计

③ 保存并运行查询，在"请输入简介信息"文本框中输入图书简介相关内容，单击"确定"按钮，查看运行结果。

【案例 3.36】创建一个查询，按借阅月份查找男读者的借阅信息，并显示"读者编号""读者姓名""图书名称""出版社名称"4 列信息，所建查询命名为"按月份查找男读者借阅信息"。

① 打开"查询设计视图"，将"读者"表、"图书"表和"借阅"表添加到"字段列表"区。

② 添加"读者编号""读者姓名""性别""图书名称""出版社名称"字段到"设计网格"中，在"设计网格"第 6 列字段行中输入：借阅月份:Month([借阅日期])。在"性别"字段的条件行中输入"男"，在"借阅月份"字段的条件行中输入：[请输入借阅月份：]。将"性别"字段和"借阅月份"字段的"显示"行上复选框内的"√"去掉，如图 3.42 所示。

③ 保存并运行查询，在"请输入借阅月份"文本框中输入月份值，单击"确定"按钮，

查看运行结果。

【**案例 3.37**】创建一个参数查询,查找并显示读者的"读者编号""读者姓名""性别""单位"4 列信息。其中设置性别字段为参数,参数条件要引用窗体"Reader"上控件"Sex"的值,所建查询命名为"引用窗体控件值作为查询条件"。

① 打开"查询设计视图",将"读者"表添加到"字段列表"区。

② 添加"读者编号""读者姓名""性别""单位"字段到"设计网格"中,在"性别"字段的条件行中输入 Forms![Reader]![Sex],如图 3.43 所示。

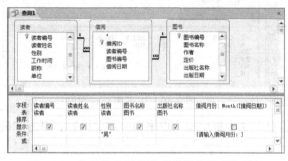 

图 4.42 按月份查找男读者借阅信息查询设计 　　图 3.43 引用窗体控件值作为查询条件

③ 保存查询。打开"Reader"窗体,在名称为"Sex"的组合框中选择"男",运行查询,查看运行结果。

5. 生成表查询

【**案例 3.38**】创建一个查询,读者的借阅信息生成一张新表,表结构包括"读者编号""读者姓名""图书名称""借阅日期"字段,表名称为"读者借阅信息",并按"借阅日期"降序排序。

① 打开"查询设计视图",添加"读者"表、"图书"表和"借阅"表到"字段列表"区。

② 添加"读者编号""读者姓名""图书名称""借阅日期"字段到"设计网格"中。将"借阅日期"字段设置为"降序"排序,如图 3.44 所示。

③ 单击"查询工具/设计"选项卡"查询类型"组中的"生成表"按钮 🔳,弹出"生成表"对话框,在"表名称"文本框中输入"读者借阅信息",单击"当前数据库"按钮,将表放入当前打开的"教学管理"数据库中,如图 3.45 所示。

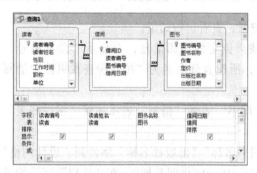

图 3.44 读者借阅信息查询设计

图 3.45 生成"读者借阅信息"表对话框

④ 单击"确定"按钮完成设置,保存并运行查询。在数据库导航窗格的表对象中可以看到新生成的"读者借阅信息"表,打开该表,查看运行结果。

【**案例 3.39**】创建一个查询，运行查询后生成一张新表，表结构包括"读者姓名""职称""工作年""联系电话"字段，表内容是职称为"讲师"的所有记录，表的名称为"讲师工龄"。

① 打开"查询设计视图"，添加"读者"表到"字段列表"区。

② 添加"读者姓名""职称"字段到"设计网格"中，在"设计网格"第 3 列字段行输入：工作年: Year(Date())-year([工作时间])，将"联系电话"字段添加到"设计网格"第 4 列中。在"职称"字段的"条件"行输入"讲师"，如图 3.46 所示。

③ 单击"查询工具/设计"选项卡"查询类型"组中的"生成表"按钮，弹出"生成表"对话框，在"表名称"文本框中输入"讲师工龄"。

④ 单击"确定"按钮完成设置，保存并运行查询。

【**案例 3.40**】创建一个查询，运行查询后生成一张新表，表结构包括"图书分类号"和"平均定价"，其中，"图书分类号"字段内容为图书编号的第一位。表内容为图书平均定价小于等于 40 元的记录，表名称为"40 元以下平均定价"。

① 打开"查询设计视图"，添加"图书"表到"字段列表"区。

② 在"设计网格"第 1 列字段行输入"图书分类号:Left([图书编号],1)"，将"定价"字段添加到"设计网格"中。单击"查询工具/设计"选项卡"显示/隐藏"组中的"汇总"按钮 Σ，在"图书编号"字段的"总计"行选择"Group By"，在"定价"字段的"总计"行选择"平均值"并在"条件"行输入<=40，如图 3.47 所示。

图 3.46　讲师工龄查询设计　　　　图 3.47　40 元以下平均定价查询设计

③ 单击"查询工具/设计"选项卡"查询类型"组中的"生成表"按钮，弹出"生成表"对话框，在"表名称"文本框中输入"40 元以下平均定价"。

④ 单击"确定"按钮完成设置，保存并运行查询。

【**案例 3.41**】创建一个查询，运行查询后生成一张新表，表结构包括"图书编号""图书名称""作者""出版社名称"字段，表内容为图书简介中不包括"文学"两个字的图书记录，表名称为"简介不包括文学图书信息"。

① 打开"查询设计视图"，添加"图书"表到"字段列表"区。

② 添加"图书编号""图书名称""作者""出版社名称""图书简介"字段到"设计网格"中。在"图书简介"字段的"条件"行输入：Not Like "*文学*"，将"图书简介"字段的"显示"行上复选框内的"√"去掉，如图 3.48 所示。

③ 单击"查询工具/设计"选项卡"查询类型"组中的"生成表"按钮，弹出"生成表"对话框，在"表名称"文本框中输入"简介不包括文学图书信息"。

④ 单击"确定"按钮完成设置，保存并运行查询。

【案例 3.42】创建一个查询，运行查询后生成一张新表，表结构包括"读者编号""读者姓名""图书名称""借阅日期"字段，表内容为姓名为 3 个字的男读者借阅信息，表名称为"姓名为 3 个字男读者借阅信息"。

① 打开"查询设计视图"，添加"读者"表、"图书"表和"借阅"表到"字段列表"区。

② 添加"读者编号""读者姓名""性别""图书名称""借阅日期"字段到"设计网格"中。在"读者姓名"字段的"条件"行输入：Len([读者姓名])=3，在"性别"字段的"条件"行输入"男"，将"性别"字段的"显示"行上复选框内的"√"去掉，如图 3.49 所示。

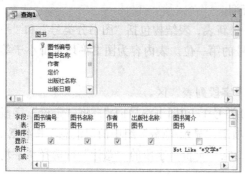

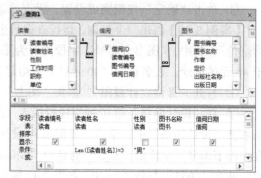

图 3.48 　简介不包括文学图书信息查询设计 　　　图 3.49 　姓名为 3 个字男读者借阅信息查询设计

③ 单击"查询工具/设计"选项卡"查询类型"组中的"生成表"按钮，弹出"生成表"对话框，在"表名称"文本框中输入"姓名为 3 个字男读者借阅信息"。

④ 单击"确定"按钮完成设置，保存并运行查询。

【案例 3.43】创建一个查询，运行查询后生成一张新表，表结构包括"读者编号""读者姓名""性别""工作时间""单位"字段，表内容为截至 2010 年工作时间在 10 年（含）以上的男读者信息，表名称为"截至 2010 年工作时间在 10 年以上的男读者信息"。

① 打开"查询设计视图"，添加"读者"表到"字段列表"区。

② 添加"读者编号""读者姓名""性别""工作时间""单位"字段到"设计网格"中。在"工作时间"字段的"条件"行输入：2010-Year([工作时间])>=10，在"性别"字段的"条件"行输入"男"，如图 3.50 所示。

③ 单击"查询工具/设计"选项卡"查询类型"组中的"生成表"按钮，弹出"生成表"对话框，在"表名称"文本框中输入"截至 2010 年工作时间在 10 年以上的男读者信息"。

④ 单击"确定"按钮完成设置，保存并运行查询。

【案例 3.44】创建一个查询，运行查询后生成一张新表，表结构包括"图书编号""图书名称""定价""出版社名称"字段，表内容为科学出版社定价在 100（含）元以上的图书信息，表名称为"科学出版社定价在 100 元以上的图书信息"。

① 打开"查询设计视图"，添加"图书"表到"字段列表"区。

② 添加"图书编号""图书名称""定价""出版社名称"字段到"设计网格"中。在"定价"字段的"条件"行输入：>=100，在"出版社名称"字段的"条件"行输入"科学出版社"，如图 3.51 所示。

③ 单击"查询工具/设计"选项卡"查询类型"组中的"生成表"按钮，弹出"生成表"对话框，在"表名称"文本框中输入"科学出版社定价在 100 元以上的图书信息"。

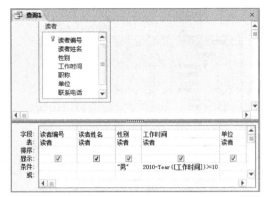

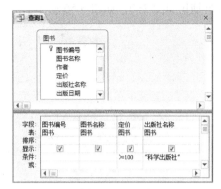

图 3.50　截至 2010 年工作时间在 10 年　　　图 3.51　科学出版社定价在 100 元
以上的男读者信息查询设计　　　　　　以上的图书信息查询设计

④ 单击"确定"按钮完成设置，保存并运行查询。

6. 删除查询

【案例 3.45】创建一个查询，删除"图书"表中"定价"在 100 元以上（含 100 元）的记录。

① 打开"查询设计视图"，添加"图书"表到"字段列表"区。

② 添加"定价"字段到"设计网格"中并在"条件"行输入>=100，如图 3.52 所示。

③ 单击"查询工具/设计"选项卡"查询类型"组中的"删除"按钮，这时"设计视图"中显示一个"删除"行，如图 3.53 所示。

图 3.52　定价在 100 元（含）以上查询设计　　　图 3.53　删除定价在 100 元（含）以上查询设计

④ 保存查询并运行，弹出"删除提示"对话框，如图 3.54 所示。

⑤ 单击"是"按钮，将从"图书"表中删除记录。单击"否"按钮，不删除记录。

【案例 3.46】创建一个查询，删除 1990 年以前参加工作的读者记录。

① 打开"查询设计视图"，添加"读者"表到"字段列表"区。

② 添加"工作时间"字段到"设计网格"中并在"条件"行输入<=#1990-12-31#，如图 3.55 所示。

③ 单击"查询工具/设计"选项卡"查询类型"组中的"删除"按钮，保存查询并运行，弹出"删除提示"对话框。单击"是"按钮，将记录从"学生"表中删除。

【案例 3.47】创建一个查询，删除"图书"表中出版年限为偶数的图书记录。

① 打开"查询设计视图"，添加"图书"表到"字段列表"区。

② 添加"出版日期"字段到"设计网格"中并在"条件"行输入：(Year(Date())-Year([出

版日期])) Mod 2=0，如图 3.56 所示。

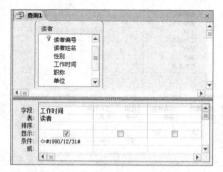

图 3.54　删除提示框　　　　　图 3.55　1990 年以前参加工作的读者查询设计

③ 单击"查询工具/设计"选项卡"查询类型"组中的"删除"按钮，保存查询并运行，弹出"删除提示"对话框。单击"是"按钮，将记录从"学生"表中删除。

【案例 3.48】创建一个查询，删除图书表中高等教育出版社出版的图书名称中包括"管理"两个字的图书记录。

① 打开"查询设计视图"，添加"图书"表到"字段列表"区。

② 添加"图书名称""出版社名称"字段到"设计网格"中，在"图书名称"字段的"条件"行输入：Like"*管理*"，在"出版社名称"字段的"条件"行输入："高等教育出版社"，如图 3.57 所示。

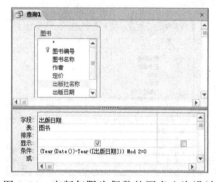

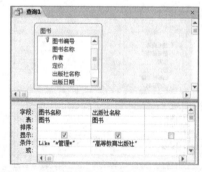

图 3.56　出版年限为偶数的图书查询设计　　　图 3.57　高等教育出版社图书名称包括
　　　　　　　　　　　　　　　　　　　　　　　　　　"管理"两个字查询设计

③ 单击"查询工具/设计"选项卡"查询类型"组中的"删除"按钮，保存查询并运行，弹出"删除提示"对话框。单击"是"按钮，将记录从"学生"表中删除。

【案例 3.49】创建一个查询，要求给出提示信息"请输入要删除的读者姓名："，从键盘输入姓名后，删除"读者"表中指定的记录。

① 打开"查询设计视图"，添加"读者"表到"字段列表"区。

② 添加"读者姓名"字段到"设计网格"中，并在"条件"行输入：[请输入要删除的读者姓名：]。单击"查询工具/设计"选项卡"查询类型"组中的"删除"按钮，如图 3.58 所示。

③ 保存查询并运行，打开"输入参数值"对话框，输入要删除的教师姓名。单击"确定"按钮，将指定的记录从"教师"中删除。

【案例 3.50】创建一个查询，将读者表中姓名为三个字，姓"李"的读者记录删除。

① 打开"查询设计视图",添加"读者"表到"字段列表"区。

② 添加"读者姓名"字段到"设计网格"中,并在"条件"行输入:Len([姓名])=3 And Like "李*",如图 3.59 所示。单击"查询工具/设计"选项卡"查询类型"组中的"删除"按钮。

图 3.58 输入要删除的教师姓名查询设计

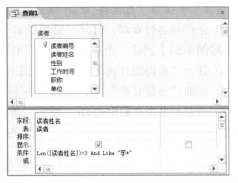

图 3.59 姓名为三个字姓"李"的读者查询设计

③ 单击"查询工具/设计"选项卡"查询类型"组中的"删除"按钮,保存查询并运行,弹出"删除提示"对话框。单击"是"按钮,将记录从"学生"表中删除。

7. 更新查询

【案例 3.51】创建一个查询,将"读者"表中 2005 年(含 2005 年)以前参加工作的读者职称改为"副教授"。

① 打开"查询设计视图",添加"读者"表到"字段列表"区。

② 添加"工作时间""职称"字段到"设计网格"中,在"工作时间"字段"条件"行输入:Year([工作时间])<=2005,如图 3.60 所示。

③ 单击"查询工具/设计"选项卡"查询类型"组中的"更新"按钮 ,这时"设计视图"中显示一个"更新到"行,在"职称"字段的"更新到"中输入"副教授",如图 3.61 所示。

图 3.60 2005 年以前参加工作的读者查询设计

图 3.61 修改读者职称

④ 保存并运行查询,弹出"更新提示"对话框,如图 3.62 所示。

⑤ 单击"是"按钮,将修改"教师"表相关记录。单击"否"按钮,不修改记录。

【案例 3.52】创建一个查询,将"图书"表中机械工业出版社出版的图书"定价"上调 10%。

① 打开"查询设计视图",添加"图书"表到"字段列

图 3.62 更新提示框

表"区。

② 添加"出版社名称""定价"字段到"设计网格"中，在"出版社名称"字段"条件"行输入"机械工业出版社"。单击"查询工具/设计"选项卡"查询类型"组中的"更新"按钮，在"定价"字段的"更新到"行中输入：[定价]*1.1，如图 3.63 所示。

③ 保存并运行查询，打开"更新提示"对话框，单击"是"按钮，对指定记录进行修改。

【案例 3.53】创建一个查询，将"图书"表中 2010 年出版的图书的简介信息清空。

① 打开"查询设计视图"，添加"图书"表到"字段列表"区。

② 添加"出版日期""图书简介"字段到"设计网格"中，在"出生日期"字段"条件"行输入：Year([出版日期]))=2010。单击"查询工具/设计"选项卡"查询类型"组中的"更新"按钮，在"图书简介"字段的"更新到"行中输入 Null，如图 3.64 所示。

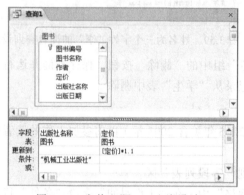

图 3.63　定价上调 10%查询设计

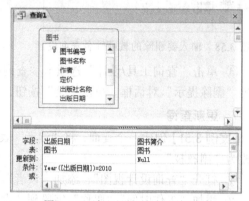

图 3.64　清空图书简介查询设计

③ 保存并运行查询，弹出"更新提示"对话框，单击"是"按钮，对指定记录进行修改。

【案例 3.54】创建一个查询，将"读者"表中"管理学院"读者的"工作时间"调整到 2 年以前。

① 打开"查询设计视图"，添加"读者"表到"字段列表"区。

② 添加"单位""工作时间"字段到"设计网格"中，在"单位"字段"条件"行输入"管理学院"。单击"查询工具/设计"选项卡"查询类型"组中的"更新"按钮，在"工作时间"字段的"更新到"行中输入：Year([工作时间])−2，如图 3.65 所示。

③ 保存并运行查询，弹出"更新提示"对话框，单击"是"按钮，对指定记录进行修改。

【案例 3.55】创建一个查询，将"读者"表职称为"讲师"的记录的"教师编号"字段值前面均增加"hb"两个字符。

① 打开"查询设计视图"，添加"读者"表到"字段列表"区。

② 添加"读者编号""职称"字段到"设计网格"中，在"职称"字段"条件"行输入"讲师"。单击"查询工具/设计"选项卡"查询类型"组中的"更新"按钮，在"读者编号"字段的"更新到"行中输入："hb"+[读者编号]，如图 3.66 所示。

③ 保存并运行查询，弹出"更新提示"对话框，单击"是"按钮，对指定记录进行修改。

【案例 3.56】创建一个查询，将"图书"表中"图书编号"字段值的第一个字符均改为"h"。

① 打开"查询设计视图"，添加"图书"表到"字段列表"区。

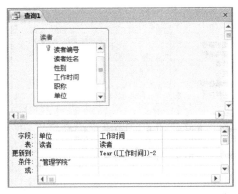

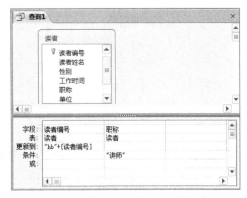

图 3.65　读者工作时间前调 2 年查询设计　　　图 3.66　修改读者编号查询设计

② 添加"图书编号"字段到"设计网格"中。单击"查询工具/设计"选项卡"查询类型"组中的"更新"按钮，在"图书编号"字段的"更新到"行中输入"h"+Mid([图书编号],2)，如图 3.67 所示。

③ 保存并运行查询，弹出"更新提示"对话框，单击"是"按钮，对指定记录进行修改。

8. 追加查询

【案例 3.57】创建一个查询，将图书简介中没有"管理"两个字的图书的"图书编号""图书名称""作者""出版日期"4 列内容添加到表"Tmp1"对应字段中。

① 打开"查询设计视图"，添加"图书"表到"字段列表"区。

② 添加"图书编号""图书名称""作者""出版日期""图书简介"字段到"设计网格"中，在"图书简介"字段的条件行输入：Not Like"*管理*"，然后去掉显示框上的"√"，如图 3.68 所示。

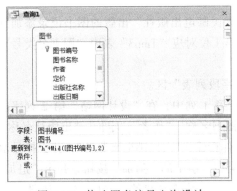

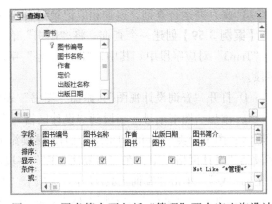

图 3.67　修改图书编号查询设计　　　图 3.68　图书简介不包括"管理"两个字查询设计

③ 单击"查询工具/设计"选项卡"查询类型"组中的"追加"按钮，弹出"追加"对话框，单击"表名称"文本框右侧下拉按钮，在下拉列表中选择目的表"Tmp1"，如图 3.69 所示。

④ 单击"确定"按钮。这时"设计视图"中显示一个"追加到"行。查询所显示的字段和目的表中的字段一一对应，如图 3.70 所示。

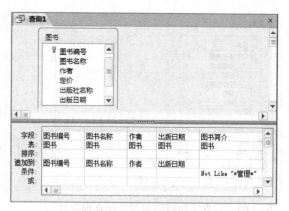

图 3.70 追加图书记录

图 3.69 "追加"对话框

⑤ 保存并运行查询，弹出"追加查询"对话框，如图 3.71 所示。

⑥ 单击"是"按钮，将"学生"表中相关记录追加到"Tmp1"表中。单击"否"按钮，不追加记录。

【案例 3.58】创建一个查询，将图书表中 2012 年到 2014 年出版图书信息添加到表"Tmp2"对应字段中。

① 打开"查询设计视图"，添加"图书"表到"字段列表"区。

图 3.71 追加查询提示框

② 添加"图书编号""图书名称""作者""定价""出版日期"字段到"设计网格"中，在"出版日期"字段的条件行输入：Year([出版日期])>=2012 And Year([出版日期])<=2014。单击"查询工具/设计"选项卡"查询类型"组中的"追加"按钮，弹出"追加"对话框，单击"表名称"文本框右侧下拉按钮，在下拉列表中选择目的表"Tmp2"，如图 3.72 所示。

③ 保存并运行查询，追加相应记录到表"Tmp2"。

【案例 3.59】创建一个查询，将"图书"表中"人民邮电出版社"出版的图书记录添加到表"Tmp3"对应字段中。其中，"图书编号"字段的第 1 位对应"Tmp3"表内"图书分类号"字段。

① 打开"查询设计视图"，添加"图书"表到"字段列表"区。

② 添加"图书编号"字段到"设计网格"字段行第 1 列中，在"设计网格"第 2 列字段行输入：图书分类号:Left([图书编号],1)，继续添加"图书名称""作者""定价""出版社名称"字段到"设计网格"中，在"出版社名称"字段的条件行输入"人民邮电出版社"，并去掉显示框上的"√"。单击"查询工具/设计"选项卡"查询类型"组中的"追加"按钮，弹出"追加"对话框，单击"表名称"文本框右侧下拉按钮，在下拉列表中选择目的表"Tmp3"，如图 3.73 所示。

③ 保存并运行查询，追加相应记录到表"Tmp3"。

【案例 3.60】创建追加查询，将"读者"表中"读者编号"、"读者姓名"中的"姓"和"名"、"单位"和"职称"5 列数据添加到表"Tmp4"对应字段中。

① 打开"查询设计视图"，添加"读者"表到"字段列表"区。

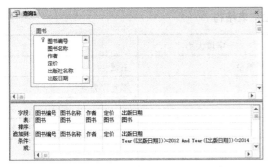

图 3.72 追加 2012 年到 2014 年的图书记录

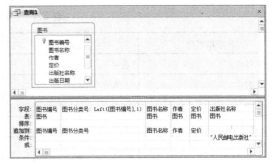

图 3.73 追加 "人民邮电出版社" 图书信息

② 添加 "读者编号" "单位" "职称" 字段到 "设计网格" 中,在 "设计网格" 的第 4,5 列字段行分别输入 "姓:Left([读者姓名],1)" 和 "名:Mid([读者姓名],2)"。单击 "查询工具/设计" 选项卡 "查询类型" 组中的 "追加" 按钮,弹出 "追加" 对话框,单击 "表名称" 文本框右侧下拉按钮,在下拉列表中选择目的表 "Tmp4",如图 3.74 所示。

③ 保存并运行查询,追加相应记录到表 "Tmp4"。

【案例 3.61】创建追加查询,将 "图书" 表中的 "图书编号" "图书名称" "定价" 3 列数据追加到表 "Tmp5" 对应字段中。其中,将 "图书编号" 和 "图书名称" 数据合并为一列数据添加到表 "Tmp5" 中 "编号名称" 字段中,将 "定价" 字段值上调 20% 添加到表 "Tmp5" 中 "新定价" 字段中。

① 打开 "查询设计视图",添加 "图书" 表到 "字段列表" 区。

② 在 "设计网格" 的第 1,2 列字段行分别输入 "编号名称:[图书编号]+[图书名称]" 和 "新定价:[定价]*1.2"。单击 "查询工具/设计" 选项卡 "查询类型" 组中的 "追加" 按钮,弹出 "追加" 对话框,单击 "表名称" 文本框右侧下拉按钮,在下拉表列中选择目的表 "Tmp5",如图 3.75 所示。

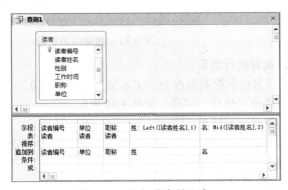

图 3.74 追加读者姓和名

图 3.75 追加图书新定价信息

③ 保存并运行查询,追加相应记录到表 "Tmp5"。

9. SQL 查询

【案例 3.62】在 "图书管理" 数据库中建立 "学生" 表,表结构如表 3.1 所示。

① 打开 "图书管理" 数据库,单击 "创建" 选项卡 "查询" 组中的 "查询设计" 按钮。在打开的 "查询设计视图" 中关闭 "显示表" 对话框。单击 "查询工具/设计" 选项卡 "结果" 组中的 "SQL 视图" 按钮,打开 SQL 视图。

表 3.1 "学生"表结构

字段名称	数据类型	字段大小	说 明
学号	数字	短整型	主键
姓名	文本	8	不允许为空
性别	文本	1	
入校时间	日期/时间		
籍贯	文本	8	
专业	文本	20	

② 在打开的 SQL 视图中输入创建"学生"表结构的 SQL 语句,如图 3.76 所示。

③ 单击"查询工具/设计"选项卡"结果"组中的"运行"按钮 ,在"图书管理"数据库中创建"学生"表,如图 3.77 所示。

图 3.76 创建学生表的 SQL 语句　　　　　图 3.77 学生表结构

【案例 3.63】在"学生"表中增加一个"简历"字段,数据类型为"备注"。

① 打开 SQL 视图,输入并运行如下语句添加"简历"字段,如图 3.78 所示

② 保存并运行 SQL 查询,打开学生表,查看运行结果。

【案例 3.64】将"学生"表中"简历"字段删除。

① 打开 SQL 视图,输入并运行如下语句删除"简历"字段,如图 3.79 所示

图 3.78 添加简历字段　　　　　　　　图 3.79 删除简历字段

② 保存并运行 SQL 查询,打开学生表,查看运行结果。

【案例 3.65】将"学生"表中"学号"字段名的数据类型改为"文本型",长度为 10。

① 打开 SQL 视图,输入并运行如下语句修改"学号"字段,如图 3.80 所示。

② 保存并运行 SQL 查询,打开学生表,查看运行结果。

【案例 3.66】向"学生"表中插入("2013120001","李杨","男",#2013-9-3#,"湖北","物流管理")和("2013120012","张立云",#2013-9-5#,"工商管理")两条记录。

① 打开 SQL 视图,输入并运行如下语句插入第 1 条记录,如图 3.81 所示。

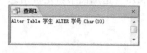

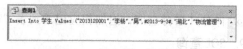

图 3.80 修改学号字段　　　　　　　　图 3.81 插入第 1 条记录

② 保存并运行 SQL 查询,打开学生表,查看运行结果。

③ 再一次打开 SQL 视图,输入并运行如下语句插入第 2 条记录,如图 3.82 所示。

④ 保存并运行 SQL 查询,打开学生表,查看运行结果。

【案例 3.67】将"学生"表中学号为"2013120001"记录的入校时间改为 2013-9-7。

① 打开 SQL 视图，输入并运行如下语句修改记录，如图 3.83 所示。

图 3.82　插入第 2 条记录　　　　　　　　图 3.83　修改记录

② 保存并运行 SQL 查询，打开学生表，查看运行结果。

【案例 3.68】将"学生"表中学号为"2013120012"的记录删除。

① 打开 SQL 视图，输入并运行如下语句删除记录，如图 3.84 所示。

② 保存并运行 SQL 查询，打开学生表，查看运行结果。

【案例 3.69】在"图书管理"数据库中删除已建立的"学生"表。

① 打开 SQL 视图，输入并运行如下语句删除"学生"表，如图 3.85 所示。

图 3.84　删除记录　　　　　　　　　　图 3.85　删除学生表

② 保存并运行 SQL 查询，打开"图书管理"数据库，查看运行结果。

【案例 3.70】查找并显示"图书"表中所有记录的全部情况。

① 打开 SQL 视图，输入并运行如下语句，如图 3.86 所示。

② 保存并运行 SQL 查询，查看运行结果。

【案例 3.71】查找并显示"图书"表中的"图书编号""图书名称""作者""定价"4 个字段。

① 打开 SQL 视图，输入并运行如下语句，如图 3.87 所示。

图 3.85　查找所有图书的全部信息　　　　图 3.87　按指定字段查找图书信息

② 保存并运行 SQL 查询，查看运行结果。

【案例 3.72】查询图书定价在 30 元以上的图书信息，并显示"图书编号""图书名称""作者""定价"4 个字段。

① 打开 SQL 视图，输入并运行如下语句，如图 3.88 所示。

② 保存并运行 SQL 查询，查看运行结果。

【案例 3.73】查找 2008 年参加工作的男读者，并显示"读者姓名""性别""职称""联系电话"4 个字段。

① 打开 SQL 视图，输入并运行如下语句，如图 3.89 所示。

图 3.88　单价大于 30 元图书信息　　　　图 3.89　2008 年参加工作的男读者

② 保存并运行 SQL 查询，查看运行结果。

【案例 3.74】查找具有高级职称的读者，并显示"读者编号""读者姓名""职称"3 个字段。

① 打开 SQL 视图，输入并运行如下语句，如图 3.90 所示。

② 保存并运行 SQL 查询，查看运行结果。

【案例 3.75】查找"图书"表中图书名称包含"计算机"3 个字的记录，并显示"图书编号"和"图书名称"。

① 打开 SQL 视图，输入并运行如下语句，如图 3.91 所示。

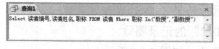

图 3.90　具有高级职称的读者

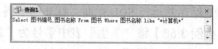

图 3.91　图书名称包含计算机的记录

② 保存并运行 SQL 查询，查看运行结果。

【案例 3.76】统计"读者"表中读者人数。

① 打开 SQL 视图，输入并运行如下语句，如图 3.92 所示。

② 保存并运行 SQL 查询，查看运行结果。

【案例 3.77】统计"读者"表中管理学院读者人数。

① 打开 SQL 视图，输入并运行如下语句，如图 3.93 所示。

图 3.92　统计读者人数

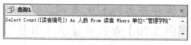

图 3.93　管理学院读者人数

② 保存并运行 SQL 查询，查看运行结果。

【案例 3.78】统计"图书"表中各个出版社出版的图书数量。

① 打开 SQL 视图，输入并运行如下语句，如图 3.94 所示。

② 保存并运行 SQL 查询，查看运行结果。

【案例 3.79】查找"图书"表中出版社出版图书数量在 25 以上的记录。

① 打开 SQL 视图，输入并运行如下语句，如图 3.95 所示。

图 3.94　各出版社图书数量

图 3.95　出版社图书数量大于 25 的信息

② 保存并运行 SQL 查询，查看运行结果。

【案例 3.80】统计"图书"表中各个出版社出版图书的平均定价，要求显示"出版名称""平均定价"2 个字段，并按降序排序。

① 打开 SQL 视图，输入并运行如下语句，如图 3.96 所示。

② 保存并运行 SQL 查询，查看运行结果。

【案例 3.81】创建一个查询，查找读者借阅信息的前 5 条记录，并显示"读者编号""读者姓名""图书名称""借阅日期"4 个字段。

① 在"查询设计视图"中实现查询，如图 3.97 所示。

图 3.97 读者借阅信息查询设计

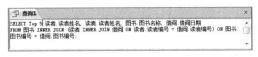

图 3.96 各个出版社图书平均定价

② 切换到查询 "SQL 视图",在 Select 动词的后面输入 TOP 5,如图 3.98 所示。

③ 保存并运行查询,查看运行结果。

【案例 3.82】创建一个查询,查找图书表中定价最高的前 3 条记录,并显示 "图书编号""图书名称""作者""定价" 4 个字段。

① 在 "查询设计视图" 中实现查询,并将 "定价" 字段设为 "降序" 排序。

② 切换到查询 "SQL 视图",在 Select 动词的后面输入 TOP 3,如图 3.99 所示。

图 3.98 前 5 条读者借阅信息查询设计   图 3.99 定价最高的前 3 条图书记录

③ 保存并运行查询,查看运行结果。

【案例 3.83】创建一个查询,查找参加工作时间晚于 "wn00001" 号读者的记录,并显示 "读者编号""读者姓名""工作时间" 3 个字段。

① 打开 SQL 视图,输入并运行如下语句,如图 3.100 所示。

图 3.100 工作时间晚于 "wn00001" 号读者的记录

② 保存并运行 SQL 查询,查看运行结果。

【案例 3.84】创建一个查询,查找图书定价高于图书平均定价的记录,并显示 "图书编号""图书名称""定价" 3 个字段。

① 打开 "查询设计视图",添加 "图书" 表到 "字段列表" 区。

② 添加 "图书编号""图书名称""定价" 字段到 "设计网格" 中。在 "定价" 字段的 "条件" 行输入:>(Select Avg([定价]) From 图书),如图 3.101 所示。

③ 保存并运行查询,查看运行结果。

【案例 3.85】创建一个查询,查找读者工龄小于读者平均工龄的记录,并显示 "读者编号""读者姓名""工龄" 3 个字段。

① 打开 "查询设计视图",添加 "读者" 表和 "选课成绩" 表到 "字段列表" 区。

② 添加 "读者编号""读者姓名" 字段到 "设计网格" 中,在 "设计网格" 第 3 列 "字段" 行输入 "工龄:Year(Date())-Year([工作时间])"。在 "工龄" 字段的 "条件" 行输入 "<(Select

Avg(Year(Date())–Year([工作时间])) From 读者)"，如图 3.102 所示。

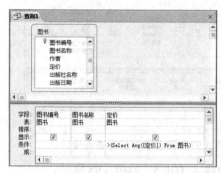
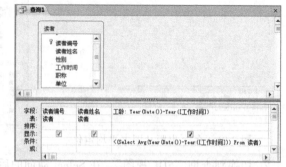

图 3.101 图书定价高于图书平均定价查询设计　　图 3.102 读者工龄小于读者平均工龄查询设计

③ 保存并运行查询，查看运行结果。

三、实验思考

1. 查询的基本概念是什么，具有哪些功能？
2. 查询条件可以由哪些内容组成？
3. 查询设计视图有哪些组成部分，每个部分在查询设计中的功能是什么？
4. 查询中可以完成哪些计算功能？
5. 交叉表查询、参数查询的特点是什么？
6. 操作查询设计时的注意事项有哪些？
7. SQL 中有几条语句，它们有哪些语法规则及使用方法？

实验 ④ 窗体设计及控件的使用

一、实验目的

1. 理解窗体的概念、作用、视图和组成。
2. 掌握创建 Access 窗体的方法。
3. 掌握窗体样式和属性的设置方法。
4. 理解控件的类型及各种控件的作用。
5. 掌握窗体控件的添加和控件的编辑方法。
6. 掌握窗体控件的属性设置方法及控件排列布局方法。

二、实验内容

1. 窗体的创建

（1）使用"窗体"工具创建窗体

【案例 4.1】在"图书管理"数据库中，以"读者"表为数据源使用"窗体"工具创建一个单页窗体，并将该窗体命名为 fread。

① 打开"图书管理"数据库，在导航窗格中选择窗体的数据源"读者"表。

② 单击"创建"选项卡"窗体"组中的"窗体"按钮，创建一个以"读者"表为数据源的窗体，并以布局视图显示此窗体。

③ 在快速访问工具栏中单击"保存"按钮，弹出"另存为"对话框，在"窗体名称"文本框中输入窗体名称 fread，单击"确定"按钮。

窗体视图如图 4.1 所示。

（2）使用"空白窗体"工具创建窗体

【案例 4.2】在"图书管理"数据库中，使用"空白窗体"工具创建窗体，在窗体上显示图书编号、图书名称、作者、定价、出版社名称、出版日期、图书类别 7 个字段的值，并将该窗体命名为 fbook。

① 打开"图书管理"数据库，单击"创建"选项卡"窗体"组中的"空白窗体"按钮，创建一个空白窗体，并且以布局视图显示，同时在"对象工作区"右边打开了"字段列表"窗格，显示数据库中所有的表。

② 在"字段列表"窗格中单击"图书"表前面的"+"，展开表中的所有字段。双击"图书"表中的图书编号、图书名称、作者、定价、出版社名称、出版日期、图书类别 7 个字段，

将这 7 个字段加入到空白窗体中，或用鼠标将它们一一拖动到空白窗体中。

③ 在快速访问工具栏中单击"保存"按钮，弹出"另存为"对话框，在"窗体名称"文本框中输入窗体名称 fbook，单击"确定"按钮。

窗体视图如图 4.2 所示。

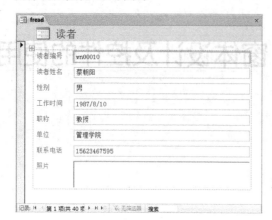

图 4.1 "读者"窗体视图

图 4.2 "图书"窗体视图

（3）使用"窗体向导"工具创建窗体

【案例 4.3】在图书管理数据库中，使用"窗体向导"工具创建窗体，在窗体上显示读者借阅信息，将该窗体命名为借阅。

① 打开"图书管理"数据库，单击"创建"选项卡"窗体"组中的"窗体向导"按钮，弹出"窗体向导"对话框。

② 在"窗体向导"对话框中选择"借阅"表，在其下的"可用字段"列表框中选择"借阅 ID"，单击">"按钮将其加入到"选定字段"中，用同样的方法依次将"读者编号""图书编号""借阅日期"加入到"选定字段"列表框中，单击"下一步"按钮。

③ 在弹出的对话框中，选择窗体使用布局：纵栏表，单击"下一步"按钮。

④ 在弹出的对话框中，输入窗体的标题：借阅，单击"完成"按钮，就创建了一个名为"借阅"窗体，并以窗体视图显示。

窗体视图如图 4.3 所示。

【案例 4.4】在"图书管理"数据库中，使用"窗体向导"工具创建一个主/子窗体，在主窗体上显示读者信息，在子窗体上显示该读者的借阅信息。

① 打开"图书管理"数据库，单击"创建"选项卡"窗体"组中的"窗体向导"按钮，弹出"窗体向导"对话框。

② 在"窗体向导"对话框中，选择"读者"表，在其下的"可用字段"列表框中选择"读者编号"，单击">"按钮将其加入到"选定字段"列表框中，用同样的方法依次将"读者姓名""性别""职称""单位""联系电话"加入到"选定字段"列表框中。

再选择"借阅"表，在其下的"可用字段"列表框中选择"借阅 ID"，单击">"按钮将其加入到"选定字段"列表框中，用同样的方法依次将"图书编号""借阅日期"加入到"选定字段"列表框中，单击"下一步"按钮。

③ 在弹出的对话框中，确定查看数据的方式：通过读者，选择带有子窗体的窗体，单击"下一步"按钮。

④ 在弹出的对话框中，确定子窗体使用的布局：数据表，单击"下一步"按钮。

⑤ 在弹出的对话框中，输入窗体的标题：读者；子窗体的标题：借阅，单击"完成"按钮，就创建了一个名为"借阅"的窗体，并以窗体视图显示。

窗体视图如图 4.4 所示。

图 4.3　"借阅"窗体视图

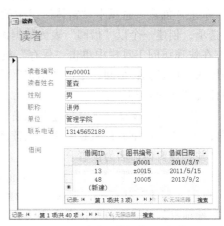

图 4.4　读者–借阅主/子窗体

（4）使用"多个项目"工具创建窗体

【案例 4.5】在"图书管理"数据库中，使用"多个项目"工具创建一个窗体，在窗体上显示图书信息，将该窗体命名为图书窗体。

① 打开"图书管理"数据库，在导航窗格中选中"图书"表。

② 单击"创建"选项卡"窗体"组中的"其他窗体"下拉按钮，在下拉列表中选择"多个项目"选项，创建一个以"图书"表为数据源的窗体，并且以布局视图显示。

③ 在快速访问工具栏中单击"保存"按钮，弹出"另存为"对话框，在"窗体名称"文本框中输入窗体名称：图书，单击"确定"按钮。

窗体视图如图 4.5 所示。

图 4.5　图书"多个项目"窗体视图

（5）使用"数据表"工具创建数据表窗体

【**案例 4.6**】在"图书管理"数据库中，使用"数据表"按钮创建一个窗体，在窗体上显示借阅记录，并将该窗体命名为借阅。

① 打开"图书管理"数据库，在导航窗格中选中"借阅"表。

② 单击"创建"选项卡"窗体"组中的"其他窗体"下拉按钮，在下拉列表中选择"数据表"选项，创建一个以"借阅"表为数据源的窗体，并且以数据表视图显示。

③ 在快速访问工具栏中单击"保存"按钮，弹出"另存为"对话框，在"窗体名称"文本框中输入窗体名称：借阅，单击"确定"按钮。

窗体视图如图 4.6 所示。

（6）使用"分割窗体"工具创建分割窗体

【**案例 4.7**】在图书管理数据库中，以读者表为数据源，使用"分割窗体"工具创建一个分割窗体，并将该窗体命名为读者。

① 打开"图书管理"数据库，在导航窗格中选中"读者"表。

② 单击"创建"选项卡"窗体"组中的"其他窗体"下拉按钮，在下拉列表中选择"分割窗体"选项，创建一个以"读者"表为数据源的分割窗体，上半部分以布局视图显示，下半部分以数据表视图显示。

③ 在快速访问工具栏中单击"保存"按钮，弹出"另存为"对话框，在"窗体名称"文本框中输入窗体名称：读者，单击"确定"按钮。

窗体视图如图 4.7 所示。

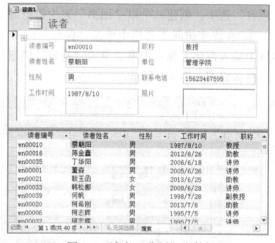

图 4.6　借阅"数据表"窗体视图　　　　图 4.7　读者"分割"窗体视图

（7）使用"数据透视图"工具创建数据透视图窗体

【**案例 4.8**】在"图书管理"数据库中，以"图书"表为数据源，使用"数据透视图"工具创建一个数据透视图窗体，统计各出版社各类别的图书的平均定价，并将该窗体命名为：各出版社各类图书的平均定价。

① 打开"图书管理"数据库，在导航窗格中选中"图书"表。

② 单击"创建"选项卡"窗体"组中的"其他窗体"下拉按钮，在下拉列表中选择"数

据透视图"选项，创建一个数据透视图窗体框架。

③ 单击"数据透视图工具/设计"选项卡"显示/隐藏"组中的"字段列表"按钮，打开"图书"表字段列表。

④ 将字段列表中的"出版社名称"字段拖动到数据透视图窗体框架中的"分类字段"；将字段列表中的"图书类别"字段拖动到数据透视图窗体框架中的"系列字段"；将字段列表中的"定价"字段拖动到数据透视图窗体框架中的"数据字段"，并右击图表中的数据字段，在弹出的快捷菜单中选择"自动计算"→"平均值"命令。单击"数据透视图工具/设计"选项卡"显示/隐藏"组中的"图例"按钮，显示图例。

⑤ 在快速访问工具栏中单击"保存"按钮，弹出"另存为"对话框，在"窗体名称"文本框中输入窗体名称：各出版社各类图书的平均定价，单击"确定"按钮。

窗体视图如图4.8所示。

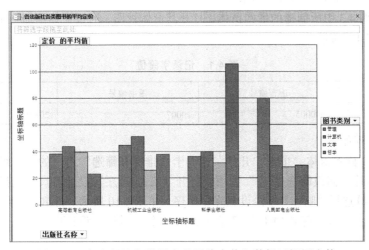

图4.8　"各出版社各类图书的平均定价"数据透视图窗体

（8）使用"数据透视表"工具创建数据透视表窗体

【案例4.9】在"图书管理"数据库中，以"读者"表为数据源，使用"数据透视表"工具创建一个数据透视表窗体，统计各单位各职称的男女读者人数，并将该窗体命名为：读者人数统计。

① 打开"教学管理"数据库，在导航窗格中选中"读者"表。

② 单击"创建"选项卡"窗体"组中的"其他窗体"下拉按钮，在下拉列表中选择"数据透视表"选项，创建一个数据透视表窗体框架。

③ 单击"数据透视表工具/设计"选项卡"显示/隐藏"组中的"字段列表"按钮，打开"读者"表字段列表。

④ 将字段列表中的"单位"字段拖动到数据透视表窗体框架中的"筛选字段"；将字段列表中的"性别"字段拖动到数据透视表窗体框架中的"列字段"；将字段列表中的"职称"字段拖动到数据透视表窗体框架中的"行字段"；将字段列表中的"读者编号"字段拖动到数据透视表窗体框架中的"汇总或明细字段"。

⑤ 右击"汇总或明细"字段（"读者编号"字段），在弹出的快捷菜单中选择"∑ 自动计算"→"计数"命令；右击"汇总或明细"字段（"读者编号"字段），在弹出的快捷菜单中选

择"隐藏详细信息"命令。

⑥ 在快速访问工具栏中单击"保存"按钮，弹出"另存为"对话框，在"窗体名称"文本框中输入窗体名称：读者人数统计，单击"确定"按钮。

窗体视图如图 4.9 所示。

2. 编辑窗体中的数据

【案例 4.10】 在"图书管理"数据库中，编辑窗体中的数据：

① 双击案例 4.1 中所创建的读者窗体，打开其窗体视图，设置按照"单位"升序排序，"单位"相同时，按照"职称"降序排序，查找姓名为"许灿"的读者，将其联系电话修改为 138001166××。查找"读者编号"为"wn00034"的记录，并将该记录删除。

② 双击案例 4.2 中所创建的图书窗体，打开其窗体视图，筛选出高等教育出版社出版的定价在 40 元以上（不含 40）的所有图书。

③ 双击案例 4.3 中所创建的借阅窗体，打开其窗体视图，通过窗体添加一条借阅记录，记录各字段值如表 4.1 所示。

表 4.1　记录字段值

借阅 ID	读者编号	图书编号	借阅日期
81	wn00005	z0007	2014/5/4

具体操作步骤如下：

① 双击打开读者窗体，单击"开始"选项卡"排序和筛选"组中的"高级"下拉按钮，在下拉列表中选择"高级筛选/排序"选项，打开"筛选/排序"设计窗口，选择"单位"字段设置升序排序，再选择"职称"字段设置降序排序，如图 4.10 所示。再单击"高级"下拉按钮，在下拉列表中选择"应用筛选/排序"选项，关闭"筛选/排序"设计窗口，返回到窗体视图，查看排序效果。

图 4.9　"读者人数统计"数据透视表窗体

图 4.10　"排序"设计窗口

单击读者姓名控件，单击"开始"选项卡"查找"组中的"查找"按钮，弹出"查找和替换"对话框，如图 4.11 所示，在"查找内容"文本框中输入"许灿"，单击"查找下一个"按钮，再单击"关闭"按钮。窗体中显示读者姓名为"许灿"的记录，将其联系电话中的内容修改为 138001166××。

单击读者编号控件，单击"开始"选项卡"查找"组中的"查找"按钮，弹出"查找和替换"对话框，在"查找内容"文本框中输入"wn00034"，单击"查找下一个"按钮，再单击"关闭"按钮。窗体中显示读者编号为"wn00034"的记录，单击"开始"选项卡"记录"组中的"删除"下拉按钮，在下拉列表中选择"删除记录"选项，弹出删除确认信息框，单击"是"按钮。

② 双击打开图书窗体，单击"开始"选项卡"排序和筛选"组中的"高级"下拉按钮，在下拉列表中选择"高级筛选/排序"选项，打开"筛选/排序"设计窗口，选择"出版社名称"字段设置条件："高等教育出版社"，再选择"定价"字段设置条件"＞40"，如图 4.12 所示。再单击"高级"下拉按钮，在下拉列表中选择"应用筛选/排序"选项，关闭"筛选/排序"设计窗口，返回到窗体视图，查看筛选效果。

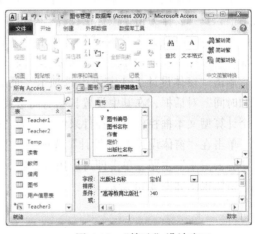

图 4.11　"查找和替换"对话框　　　　　　图 4.12　"筛选"设计窗口

③ 双击打开借阅窗体，在窗体底部的导航栏中单击"新（空白）记录"按钮 ，在窗体上的 4 个控件中依次录入表 4.1 中的数据（注意借阅 ID 为自动编号类型，其值由系统自动添加，不需要输入）。打开借阅表，查看添加效果。

3. 设置窗体的属性、修饰窗体

【案例 4.11】在"图书管理"数据库中，设置窗体的属性：

① 设置案例 4.1 中所创建的读者窗体的属性：将窗体设置为弹出式窗体，标题设置为读者信息，边框样式设置为对话框边框，设置窗体显示时自动居于桌面的中央，设置窗体背景图像，并设置图片对齐方式为中心、图片缩放模式为拉伸。

② 设置案例 4.2 中所创建的图书窗体的属性：设置取消分隔线、记录选择器、导航按钮。并在窗体中插入徽标、标题、日期时间，应用"行云流水"主题格式。

③ 设置案例 4.3 中所创建的借阅窗体的属性：将窗体设置为弹出式窗体，设置只要"关闭"按钮，不要"最大""最小化"按钮，设置只要水平滚动条，有控制菜单，窗体运行时不可移动。

具体操作步骤如下：

① 打开读者窗体设计视图并右击，在弹出的快捷菜单中选择"属性"命令，打开"属性表"对话框。或单击"窗体设计工具/设计"选项卡"工具"组中的"属性表"按钮，打开"属性表"对话框。

在"属性表"对话框中，选择"格式"选项卡，在标题属性中输入：读者信息，设置边框样式属性为：对话框边框，设置自动居中属性为：是；选择"其他"选项卡，设置弹出方式为：是。

单击"窗体设计工具/格式"选项卡"背景"组中的"背景图像"下拉按钮，在下拉列表中选择"浏览"选项，弹出"插入图片"对话框，找到要作为窗体背景的图片，单击"打开"按钮。在窗体"属性表"对话框中选择"格式"选项卡，设置图片对齐方式属性为：中心；图片缩放模式属性为：拉伸。窗体视图如图 4.13 所示。

② 打开图书窗体设计视图，单击"窗体设计工具/设计"选项卡"工具"组中的"属性表"按钮，打开"属性表"对话框，选择"格式"选项卡，设置分隔线属性为：否；记录选择器属性为：否；导航按钮属性为：否。

单击"窗体设计工具/格式"选项卡"页眉/页脚"组中的"徽标"按钮，弹出"插入图片"对话框，找到要作为窗体徽标的图片，单击"打开"按钮，就将该图标添加到窗体页眉节区。

单击"窗体设计工具/格式"选项卡"页眉/页脚"组中的"标题"按钮，在窗体页眉节区添加了一个标签控件，在其中输入标题：图书信息。

单击"窗体设计工具/格式"选项卡"页眉/页脚"组中的"日期和时间"按钮，弹出"日期和时间"对话框，在其中设置日期时间格式，单击"确定"按钮，就在窗体页眉节区添加了一个计算型文本框控件，其控件来源属性为"=date( )"。

单击在"窗体设计工具/设计"选项卡"主题"组中的"主题"下拉按钮，从下拉列表中选择"行云流水"主题，单击即可应用该主题。

窗体视图如图 4.14 所示。

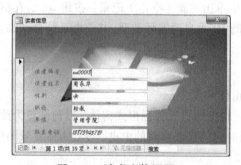

图 4.13 读者窗体视图　　　　　　图 4.14 图书窗体视图

③ 打开借阅窗体设计视图，单击"窗体设计工具/设计"选项卡"工具"组中的"属性表"按钮，打开"属性表"对话框，选择"格式"选项卡，设置弹出方式为：是；设置关闭按钮属性为：是；最大最小化属性为：无；设置滚动条属性为：只水平；设置控制框属性为：是；设置可移动的属性为：否。

窗体视图如图 4.15 所示。

图 4.15 借阅窗体视图

4. 窗体的设计

（1）常用控件的设计

【案例 4.12】在"图书管理"数据库中，设计一个窗体，显示读者信息。

① 设置窗体数据源：打开图书管理数据库，单击"创建"选项卡"窗体"组中的"窗体设计"按钮，创建一个新的窗体，打开该窗体的设计视图，同时打开"设计"选项卡。打开窗体"属性表"，选择"数据"选项卡中的记录源，将其设置为"读者"表。

② 创建绑定型控件：单击"窗体设计工具/设计"选项卡"工具"组中的"添加现有字段"命令，打开"读者"表"字段列表"窗格，依次双击"读者编号""读者姓名""工作时间"3 个字段，就分别创建了 3 个标签显示字段名，3 个绑定型文本框显示这 3 个字段的值。再将"单位""联系电话"2 个字段用鼠标拖动到窗体主体节区，就分别创建了 2 个标签显示字段名，2 个绑定型文本框显示这 2 个字段的值。

③ 创建选项组控件：打开读者表，选中"性别"字段，单击"开始"选项卡"查找"组中的"替换"按钮，弹出"查找和替换"对话框，在"查找内容"文本框中输入"男"，在"替换为"输入"0"，单击"全部替换"按钮，弹出"是否继续"消息框，单击"是"按钮；然后在"查找内容"中输入"女"，在"替换为"文本框中输入"1"，单击"全部替换"按钮，弹出"是否继续"消息框，单击"是"按钮，关闭"查找和替换"对话框，关闭读者表。

单击"窗体设计工具/设计"选项卡"控件"组中的"选项组"按钮，在窗体主体节区按住鼠标左键拖动画出一个大小适当的选项组，弹出"选项组向导"对话框，输入选项组中选项的标签："男""女"，单击"下一步"按钮；在弹出的对话框中设置选项组默认值："否，不需要默认选项"，单击"下一步"按钮；在弹出的对话框中设置各选项的值：男—0、女—1，单击"下一步"按钮；在弹出的对话框中设置保存选项组值的字段"性别"，单击"下一步"按钮；在弹出的对话框中设置选项按钮类型"选项按钮"，样式"阴影"，单击"下一步"按钮；在弹出的对话框中设置选项组标题为"性别"，单击"完成"按钮。

④ 创建列表框控件：单击"窗体设计工具/设计"选项卡"控件"组中的"列表框"按钮，在窗体主体节区按住鼠标左键拖动画出一个大小适当的列表框，弹出"列表框向导"对话框，选择"自行键入所需的值"，单击"下一步"按钮；在弹出的对话框中输入列表中所需的列数"1"，以及列表框中的值："教授"；"副教授"；"讲师"；"助教"，单击"下一步"按钮；在弹出的对话框中设置保存列表框值的字段"职称"，即列表框的控件来源，单击"下一步"按钮；在弹出的对话框中设置列表框对应的标签的标题为"职称"，单击"完成"按钮。

⑤ 创建绑定对象框控件：单击"窗体设计工具/设计"选项卡"控件"组中的"绑定对象框"按钮，在窗体主体节区按住鼠标左键拖动画出一个大小适当的绑定对象框，就会创建一个标签和一个绑定对象框，右击该标签控件，在弹出的快捷菜单中选择"属性"命令，打开该标签的"属性表"，设置标签"标题"属性值为"照片"，同样打开该绑定对象框的"属性表"，设置"名称"属性值为"照片"，选择"数据"选项卡，设置"控件来源"属性为"照片"字段，设置"缩放方式"属性为"拉伸"，设置"允许的 OLE 类型"属性为"嵌入"。

⑥ 在快速访问工具栏中单击"保存"按钮，弹出"另存为"对话框，在"窗体名称"文本框中输入窗体名称：读者 2；单击"确定"按钮。

窗体设计视图如图 4.16 所示，窗体视图如图 4.17 所示。

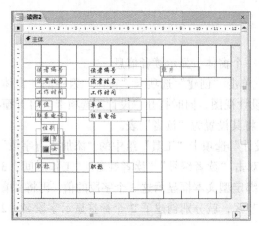

图 4.16　窗体设计视图

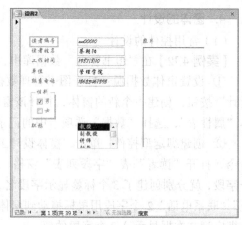

图 4.17　窗体视图

【案例 4.13】在图书管理数据库中，设计一个窗体，显示图书信息。

① 设置窗体数据源：打开"图书管理"数据库，单击"创建"选项卡"窗体"组中的"窗体设计"按钮，创建一个新的窗体，打开该窗体的设计视图，同时打开"设计"选项卡。打开窗体"属性表"，选择"数据"选项卡中的记录源，将其设置为"图书"表。

② 添加标签控件：右击窗体，在弹出的快捷菜单中选择"窗体页眉/页脚"命令，显示窗体页眉/页脚。单击"窗体设计工具/设计"选项卡"控件"组中的"标签"按钮，在窗体页眉节区按住鼠标左键拖动画出一个大小适当的标签，输入标签标题"图书信息"，选中该标签，在其"属性表"中，设置文本对齐属性为：居中；字体为：隶书；字号为：36，字体粗细为：加粗；前景色为：紫色；上边距为：0.2 cm；左边距为：3.5 cm。单击"窗体设计工具/排列"选项卡"调整大小和排序"组中的"大小/空格"下拉按钮，在下拉列表中选择"正好容纳"选项。

③ 添加文本框控件，并绑定：单击"窗体设计工具/设计"选项卡"控件"组中的"文本框"按钮，在窗体主体节区按住鼠标左键拖动画出一个大小适当的文本框，弹出"文本框向导"，字体相关属性、输入法模式均采用默认设置，输入文本框名称为"图书编号"，单击"完成"按钮，单击该文本框，打开其"属性表"，选择"数据"选项卡，设置"控件来源"属性为"图书编号"字段，即可创建一个绑定型文本框。

使用同样的方法，添加 3 个文本框控件，分别输入文本框名称为：图书名称、作者、定价，分别设置其"数据"属性组中的"控件来源"属性为：图书名称字段、作者字段、定价字段。

设置这 4 个标签控件大小为"正好容纳"（方法同②），设置这 4 个文本框的高度属性为：0.5 cm；宽度属性为：3 cm。

④ 添加组合框控件：单击"窗体设计工具/设计"选项卡"控件"组中的"组合框"按钮，在窗体主体节区按住鼠标左键拖动画出一个大小适当的组合框，弹出"组合框向导"对话框，选择"自行键入所需的值"，单击"下一步"按钮；在弹出的对话框中输入列表中所需的列数"1"，以及列表框中的值："高等教育出版社""科学出版社""人民邮电出版社""机械工业出版社"，单击"下一步"按钮；在弹出的对话框中设置保存组合框值的字段"出版社名称"，即组合框的控件来源，单击"下一步"按钮；在弹出的对话框中设置组合框对应的标签的标题为"出版社名称"，单击"完成"按钮。选中该组合框，在其"属性表"中，设置高度属性为：0.5 cm；宽度属性为：3.5 cm。

⑤ 添加图像框控件：单击"窗体设计工具/设计"选项卡"控件"组中的"图像框"按钮，在"图像"页上按住鼠标左键拖动画出一个大小适当的图像框，弹出"插入图片"对话框，浏览计算机找到要显示的图像文件，单击"确定"按钮，设置"图像框"的"缩放模式"属性为："拉伸"；高度属性为：5 cm；宽度属性为：4 cm；上边距为：0.2 cm；左边距为：8 cm。

⑥ 按住【Shift】键选中主体节区中的 5 个标签控件（图书编号、图书名称、作者、定价、出版社名称），单击"窗体设计工具/排列"选项卡"调整大小和排序"组中的"大小/空格"下拉按钮，在下拉列表中选择"垂直相等"选项，再单击"对齐"下拉按钮，在下拉列表中选择"靠左"选项。

将⑤中创建的图像控件设置为不可见，即将其可见属性设置为：否。

对定价高于 50 的图书的定价，显示为红色，底纹为黄色，字体加粗、倾斜，即对定价绑定文本框设置条件格式，选中与定价绑定的文本框，单击"窗体设计工具/格式"选项卡"控件格式"组中的"条件格式"按钮，弹出"条件格式规则管理器"对话框，单击"新建规则"按钮，弹出"新建格式规则"对话框，设置规则："字段值"大于 50；格式：红色、加粗、倾斜、黄色底纹；单击"确定"按钮，再单击"确定"按钮。

⑦ 在快速访问工具栏中单击"保存"按钮，弹出"另存为"对话框，在"窗体名称"文本框中输入窗体名称：图书 2；单击"确定"按钮。

窗体设计视图如图 4.18 所示，窗体视图如图 4.19 所示。

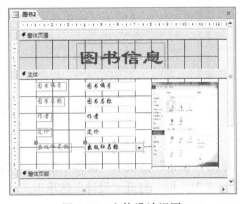

图 4.18　窗体设计视图　　　　　图 4.19　窗体视图

（2）计算控件的设计

【案例 4.14】在"图书管理"数据库中设计一个窗体，显示借阅记录，要求显示图书名称、读者姓名。

① 打开"图书管理"数据库，在数据库的导航窗格中选择窗体的数据源"借阅"表。

② 单击"创建"选项卡"窗体"组中的"窗体"按钮，创建一个以"借阅"表为数据源的窗体，并以布局视图显示此窗体。

③ 打开该窗体设计视图，单击"窗体设计工具/设计"选项卡"控件"组中的"文本框"按钮，在窗体主体节区按住鼠标左键拖动画出一个大小适当的文本框，弹出"文本框向导"，字体相关属性、输入法模式均采用默认设置，输入文本框名称为"图书编号"，单击"完成"按钮，单击该文本框，打开其"属性表"，设置"数据"属性组中的"控件来源"属性为：=DLookup

("图书名称","图书","图书编号='"&图书编号&"'")。使用同样的方法再添加一个文本框，输入文本框名称为"读者姓名"，设置"数据"属性组中的"控件来源"属性为：=DLookup("读者姓名","读者","读者编号='"&读者编号&"'")。

DLookup 函数注解：用 DLookup 函数可以在报表中显示非记录源（又称外部表）中的字段值，外部表与当前表之间无须建立关系，在函数中以共有字段作为连接条件即可。

DLookup 函数格式为：Dlookup("外部表字段名","外部表名","条件表达式")

说明：函数中的各部分要用引号括起来。条件表达式格式：外部表字段名='"&当前表字段名&"'，注意其中单、双引号和&号的使用。如果有多个字段符合条件表达式，DLookup 函数只返回第一个字段值。

④ 设置控件大小、位置、对齐方式、间距，窗体设计视图如图 4.20 所示，窗体视图如图 4.21 所示。

图 4.20　窗体设计视图

图 4.21　窗体视图

【案例 4.15】在"图书管理"数据库中设计一个窗体，显示读者信息，以及读者工龄。

① 设置窗体数据源：打开图书管理数据库，单击"创建"选项卡"窗体"组中的"窗体设计"按钮，创建一个新的窗体，打开该窗体的设计视图，同时打开"设计"选项卡。打开窗体"属性表"，选择"数据"属性中的记录源，将其设置为"读者"表。

② 创建绑定型控件：单击"窗体设计工具/设计"选项卡"工具"组中的"添加现有字段"按钮，打开"读者"表"字段列表"窗格，依次双击"读者编号""读者姓名""性别""工作时间""职称""单位"6 个字段，就分别创建了 6 个标签显示字段名，6 个绑定型文本框显示这 6 个字段的值。

③ 更改控件类型：右击与职称字段绑定的文本框控件，在弹出的快捷菜单中选择"更改为"→"组合框"命令，就将该文本框控件改为了组合框控件，设置该组合框控件"行来源类型"属性为："值列表"；"行来源"属性为："教授";"副教授";"讲师";"助教"。

④ 添加计算字段：单击"窗体设计工具/设计"选项卡"控件"组中的"文本框"按钮，在窗体主体节区按住鼠标左键拖动画出一个大小适当的文本框，弹出"文本框向导"，字体相关属性、输入法模式均采用默认设置，输入文本框名称为"工龄"，单击"完成"按钮，单击该文

本框，打开其"属性表"，设置"数据"属性中的"控件来源"属性为：=Year(date())-Year([工作时间])。

【案例 4.16】在"图书管理"数据库中设计一个窗体，根据用户输入的身高、体重，判定用户体型偏瘦、偏胖、标准。

① 创建窗体：打开"图书管理"数据库，单击"创建"选项卡"窗体"组中的"窗体设计"按钮，创建一个新窗体，打开该窗体的设计视图，同时打开"设计"选项卡。

② 添加选项卡控件：单击"窗体设计工具/设计"选项卡"控件"组中的"选项卡"按钮，在窗体主体节区按住鼠标左键拖动画出一个大小适当的选项卡，就会创建带有 2 个页的选项卡，分别单击 2 个页，在其"属性表"中将其"标题"属性设置为"男性""女性"。

右击选项卡控件，在弹出的快捷菜单中选择"插入页"命令，在选项卡中再增加 1 个页，设置它的标题属性为"日历"。

单击选项卡中的"男性"页，单击"窗体设计工具/设计"选项卡"控件"组中的"文本框"按钮，在"男性"页上按住鼠标左键拖动画出一个大小适当的文本框，弹出"文本框向导"，字体相关属性、输入法模式均采用默认设置，输入文本框名称为：身高（cm）；单击"完成"按钮；再添加一个文本框控件，输入文本框名称为：体重（kg）；单击"完成"按钮；再添加一个文本框控件，输入文本框名称为：体重上限；单击"完成"按钮，并打开其"属性表"，设置"数据"属性组中的"控件来源"属性为：=([text1]-100)*1.1；再添加一个文本框控件，输入文本框名称为：体重下限限，单击"完成"按钮，并打开其"属性表"，设置"数据"属性组中的"控件来源"属性为：=([text1]-100)*0.9。分别设置 4 个文本框的名称属性为：text1、text2、text3、text4。

单击选项卡中的"男性"页，单击"窗体设计工具/设计"选项卡"控件"组中的"直线"按钮，在"男性"页下方按住鼠标左键拖动画出一条直线，设置直线高度属性为：0cm；宽度属性为：10 cm；边框宽度属性为：3 pt。

单击选项卡中的"男性"页，单击"窗体设计工具/设计"选项卡"控件"组中的"矩形"按钮，在"男性"页的直线下方按住鼠标左键拖动画出一个矩形，设置矩形高度属性为：1.5 cm；宽度属性为：8 cm；边框宽度属性为：2 pt。

单击选项卡中的"男性"页，单击"窗体设计工具/设计"选项卡"控件"组中的"文本框"按钮，在"男性"页矩形中按住鼠标左键拖动画出一个文本框，弹出"文本框向导"，字体相关属性、输入法模式均采用默认设置，输入文本框名称为"您的体型:"，单击"完成"按钮，并打开其"属性表"，设置"数据"属性组中的"控件来源"属性为：=IIf([text2]>[text3],"偏胖",IIf([text2]<[text4],"偏瘦","标准"))。设置文本框的名称属性为：text5。

选中选项卡中的"男性"页所有控件并右击，在弹出的快捷菜单中单击"复制"命令，单击选项卡上的"女性"页并右击，在弹出的快捷菜单中选择"粘贴"命令，分别修改这 4 个文本框的名称属性为：text6、text7、text8、text9。设置体重上限文本框"数据"属性组中的"控件来源"属性为：=([text6]-105)*1.1，设置体重下限文本框"数据"属性组中的"控件来源"属性为：=([text6]-105)*0.9，设置"您的体型"文本框"数据"属性组中的"控件来源"属性为：=IIf([text7]>[text8],"偏胖",IIf([text7]<[text9],"偏瘦","标准"))。设置文本框的名称属性为：text10。

单击选项卡中的"日历"页，单击"窗体设计工具/设计"选项卡"控件"组中的　按钮，再单击"ActiveX 控件",弹出"插入 ActiveX 控件"对话框,选择"Calender Control 8.0"选项,单击"确定"按钮,就会在"日历"页上创建一个 ActiveX 控件:日历控件。

单击选项卡中的"日历"页,单击"窗体设计工具/设计"选项卡"控件"组中的"直线"按钮,在日历控件下方按住鼠标左键拖动画出一条直线,设置直线高度属性为:0 cm;宽度属性为:10 cm;边框宽度属性为:3 pt。

单击选项卡中的"日历"页,单击"窗体设计工具/设计"选项卡"控件"组中的"命令按钮"按钮,在"日历"页直线控件下方,按住鼠标左键拖动画出一个命令按钮,设置按钮标题属性为:关闭窗体。

单击选项卡中的"日历"页,单击"窗体设计工具/设计"选项卡"控件"组中的"命令按钮"按钮,在"日历"页的直线下方,按住鼠标左键拖动画出一个大小适当的命令按钮,在弹出的"命令按钮向导"对话框中,设定单击按钮时执行的操作:"窗体操作"→"关闭窗体";单击"下一步"按钮;在弹出的"命令按钮向导"对话框中,设置按钮上显示的文本:关闭窗体;单击"下一步"按钮;在弹出的"命令按钮向导"对话框中,指定按钮的名称:exit;单击"完成"按钮。

③ 设置 Tab 键次序:单击选项卡中的"男性"页并右击,在弹出的快捷菜单中选择"Tab 键次序"命令,弹出"Tab 键次序"对话框,单击要移动的控件,然后拖动控件到列表中所需的地方改变其 Tab 键次序,将 Tab 键次序改为:text5、text4、text3、text2、text1,单击"确定"按钮。也可以通过设置控件的"Tab 键索引"(TabIndex)属性修改 Tab 键次序,次序最靠前的索引值为 0。

④ 添加计算型控件:在窗体上右击,在弹出的快捷菜单中选择"窗体页眉/页脚"命令,显示窗体页眉/页脚。单击"窗体设计工具/设计"选项卡"控件"组中的"标签"按钮,在窗体页眉节区按住鼠标左键拖动画出一个大小适当的标签,输入标签标题"体型判定",选中该标签,在其"属性表"中,设置文本对齐属性为:居中;字体为:隶书;字号为:36;字体粗细为:加粗;前景色为:紫色;上边距为:0.2 cm;左边距为:3.5 cm。单击"窗体设计工具/排列"选项卡"调整大小和排序"组中的"大小/空格"下拉按钮,在下拉列表中选择"正好容纳"选项。

单击"窗体设计工具/设计"选项卡"控件"组中的"文本框"按钮,在窗体页脚中按住鼠标左键拖动画出一个文本框,弹出"文本框向导",字体相关属性、输入法模式均采用默认设置,单击"完成"按钮,删除与其一起创建的标签控件,打开文本框"属性表",设置"数据"属性组中的"控件来源"属性为:=now()。

窗体设计视图如图 4.22 和图 4.23 所示,窗体视图如图 4.24 所示。

图 4.22 "女性"页窗体设计视图

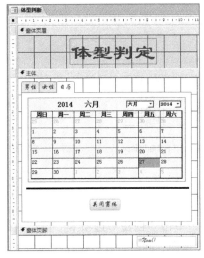

图 4.23　"日历"页窗体设计视图

图 4.24　窗体视图

（3）创建图表窗体

【案例 4.17】在"图书管理"数据库中创建一个图表窗体，显示各出版社图书的平均定价。

① 打开"图书管理"数据库，先创建一个查询，查询各出版社图书的平均定价，查询设计视图、数据表视图分别如图 4.25 和图 4.26 所示，并将查询命名为"各出版社图书的平均定价"。

图 4.25　查询设计视图

图 4.26　查询数据表视图

② 单击"创建"选项卡"窗体"组中的"窗体设计"按钮，创建一个新窗体，打开该窗体的设计视图，同时打开"设计"选项卡。单击"窗体设计工具/设计"选项卡"控件"组中的"图表"按钮，在窗体主体节区按住鼠标左键拖动画出一个大小适当的图表控件，弹出"图表向导"对话框，选定"图表"控件的数据源，这里选择"查询：各出版社图书的平均定价"，单击"下一步"按钮；在弹出的"图表向导"对话框中将"各出版社图书的平均定价"查询中的字段"出版社名称""平均定价"加入到"用于图表的字段"中，单击"下一步"按钮；在弹出的"图表向导"对话框中选择图表的类型"柱形图"，单击"下一步"按钮；在弹出的"图表向导"对话框中设定图表的布局方式：横坐标为出版社名称，纵坐标为平均定价；单击"下一步"按钮；在弹出的"图表向导"对话框中设定图表的标题"各出版社图书的平均定价"，并设置"不显示图例"，单击"完成"按钮。调整图表控件的大小。窗体设计视图效果如图 4.27 所示。

（4）创建主/子窗体

【案例 4.18】在"图书管理"数据库中创建一个主/子窗体，显示图书信息及借阅记录。

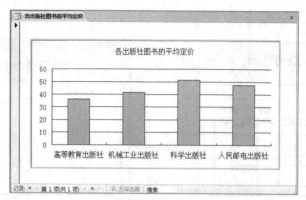

图 4.27　窗体视图

① 创建主窗体，设置主窗体数据源：打开数据库，单击"创建"选项卡"窗体"组中的"窗体设计"按钮，创建一个新窗体，打开该窗体的设计视图，同时打开"设计"选项卡。打开窗体"属性表"，选择"数据"属性中的记录源，将其设置为"图书"表。

② 主窗体设计：单击"窗体设计工具/设计"选项卡"工具"组中的"添加现有字段"按钮，打开"图书"表"字段列表"窗格，依次将"图书编号""图书名称""作者""定价""出版社名称""出版日期""图书类别" 7 个字段拖到窗体主体节区，就分别创建了 7 个标签显示字段名，7 个绑定型文本框显示字段值。

③ 单击"窗体设计工具/设计"选项卡"控件"组中的"子窗体"按钮，在窗体主体节区按住鼠标左键拖动画出一个大小适当的子窗体，弹出"子窗体向导"对话框，选择作为子窗体的数据源的类型"使用现有的表和查询"，单击"下一步"按钮；在弹出的"子窗体向导"对话框中选择作为子窗体数据源的表或查询："借阅"表；并将"借阅"表的字段加入到"选定字段"中，单击"下一步"按钮；在弹出的"子窗体向导"对话框中定义主子窗体的链接字段：主子窗体通过"图书编号"字段链接，单击"下一步"按钮；在弹出的"子窗体向导"对话框中指定子窗体的名称"借阅"，单击"完成"按钮。

保存窗体，名称为图书借阅信息，窗体视图效果如图 4.28 所示。

图 4.28　窗体视图

④　将窗体设置为启动窗体：选择"文件"选项卡中的"选项"命令，弹出"Access 选项"对话框，在左侧窗格中单击"当前数据库"，在右侧窗格的"应用程序选项"下方设置"应用程序标题"为：图书详细借阅信息；该标题将显示在 Access 窗口的标题栏中，设置"应用程序图标"，该图标将显示在 Access 窗口的左上角，以替代之前的 Access 图标，并选中"用作窗体和报表图标"复选框，单击"显示窗体"右侧的下拉按钮，选择用作启动窗体的窗体：图书借阅信息，单击"确定"按钮，将弹出提示信息框，单击"确定"按钮，关闭数据库。下次打开数据库时就会自动启动"图书借阅信息"窗体。

三、实验思考

1. 有哪几种自动创建窗体的方法？
2. 简述窗体常用属性的意义，及其设置方法。
3. 常用控件的功能、属性，如何添加各种常用控件，设置其属性，更改控件类型，设置 Tab 键次序？
4. 如何在窗体上添加绑定型控件、计算型控件？
5. 如何在窗体中查找、替换、排序、筛选、添加、删除、修改数据？
6. 如何创建主子窗体、图表窗体、切换窗体、导航窗体？
7. 如何设置启动窗体，若想在打开数据库时不运行自动启动窗体，如何操作？
8. 如何美化窗体：应用主题、设置条件格式、添加背景图像、添加徽标、插入日期时间、调整控件大小和位置、如何设置控件对齐和间距？

报 表 设 计

一、实验目的

1. 理解报表的概念、作用、视图和组成。
2. 掌握创建 Access 报表的方法。
3. 掌握报表样式和属性的设置方法。
4. 掌握报表控件的添加和控件的编辑方法。
5. 掌握报表控件的属性设置方法及控件排列布局方法。

二、实验内容

1. 报表的创建

（1）使用"报表"工具创建报表

【案例 5.1】在"图书管理"数据库中，以"读者"表为数据源，使用"报表"工具创建一个纵栏式报表，并将该报表命名为：读者 1。

① 打开"图书管理"数据库，在数据库的导航窗格中选择报表的数据源"读者"表。

② 单击"创建"选项卡"报表"组中的"报表"按钮，创建一个以"读者"表为数据源的纵栏式报表，并以布局视图显示此报表。

③ 在快速访问工具栏中单击"保存"按钮，弹出"另存为"对话框，在"报表名称"文本框中输入报表名称：读者 1，单击"确定"按钮。

报表打印预览视图如图 5.1 所示。

（2）使用"空报表"工具创建报表

【案例 5.2】在"图书管理"数据库中，创建一个报表打印出：借阅 ID、读者编号、图书编号、借阅日期，并将该报表命名为：借阅 1。

① 打开图书管理数据库，单击"创建"选项卡"报表"组中的"空报表"按钮，创建一个空白报表，并以布局视图显示，同时在"对象工作区"右边打开了"字段列表"窗格，显示数据库中所有的表。

② 在"字段列表"窗格中单击"借阅"表前面的"+"，展开表中的所有字段。

③ 依次将"借阅"表里的：借阅 ID、读者编号、图书编号、借阅日期 4 个字段拖动到空报表中。

④ 在快速访问工具栏中单击"保存"按钮，弹出"另存为"对话框，在"报表名称"文

本框中输入报表名称：借阅 1，单击"确定"按钮。

报表打印预览视图如图 5.2 所示。

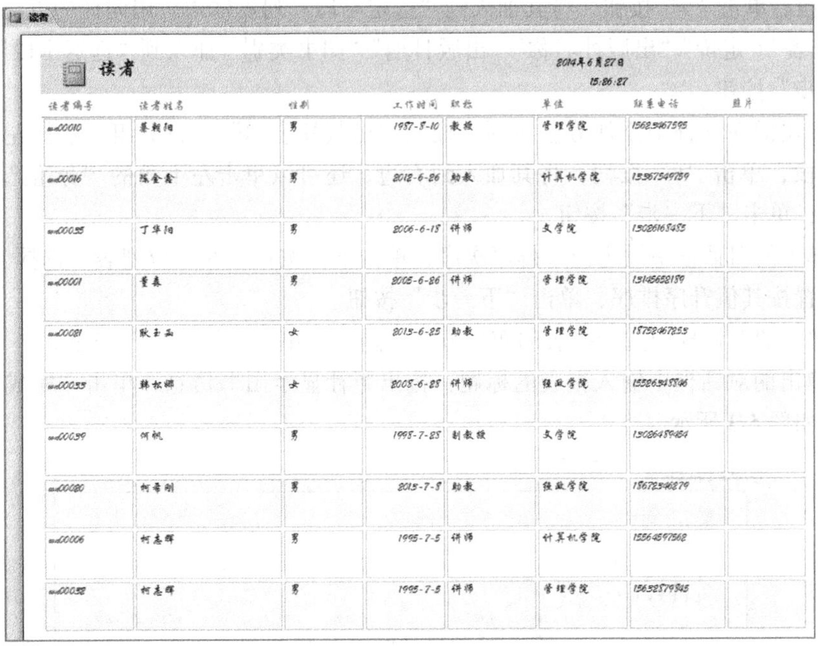

图 5.1 读者报表打印预览视图

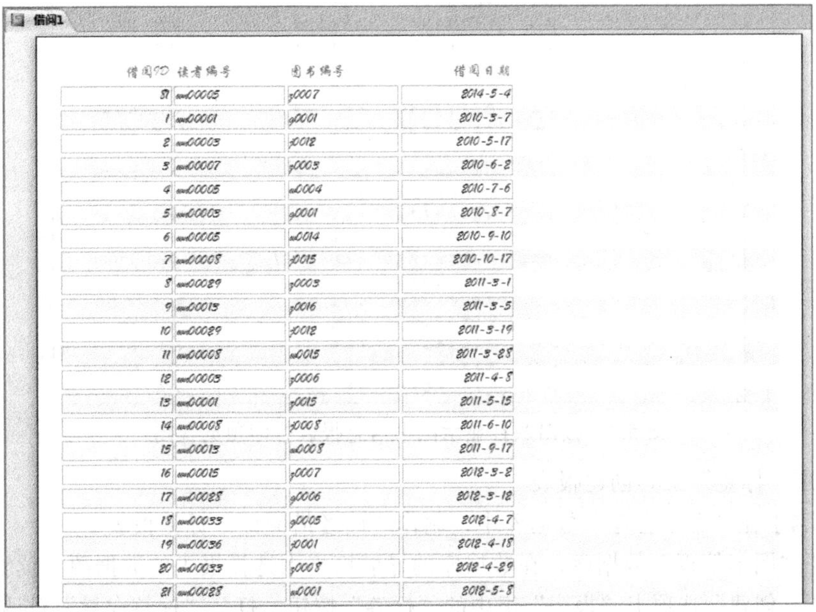

图 5.2 借阅报表打印预览视图

（3）使用"报表向导"工具创建报表

【案例 5.3】在"图书管理"数据库中，使用"报表向导"工具创建"按出版社显示图书信息"报表。

① 打开"教学管理"数据库，单击"创建"选项卡"报表"组中的"报表向导"按钮，

弹出“报表向导”对话框。

② 在“报表向导”对话框中，选择“图书”表，在其下的“可用字段”列表框中选择“图书编号”字段，单击“>”按钮，将其加入到“选定字段”列表框中，用同样的方法依次将“图书名称”“作者”“定价”“出版社名称”“出版日期”“图书类别”加入到“选定字段”列表框中，单击“下一步”按钮。

③ 在弹出的对话框中添加分组级别，按照“出版社名称”进行分组，选择左边的“出版社名称”字段，单击“>”按钮，将其加入到右边，还可以单击左下角的“分组选项”按钮设置分组间隔，单击“下一步”按钮。

④ 在弹出的对话框中设定记录排序次序，单击下拉按钮，在下拉列表中选择“图书编号”字段，并设置按其值升序排序，单击“下一步”按钮。

⑤ 在弹出的对话框中选择报表的布局方式：递阶；单击“下一步”按钮。

⑥ 在弹出的对话框中输入报表的标题：按出版社显示图书信息，单击“完成”按钮。打印预览视图如图 5.3 所示。

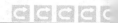

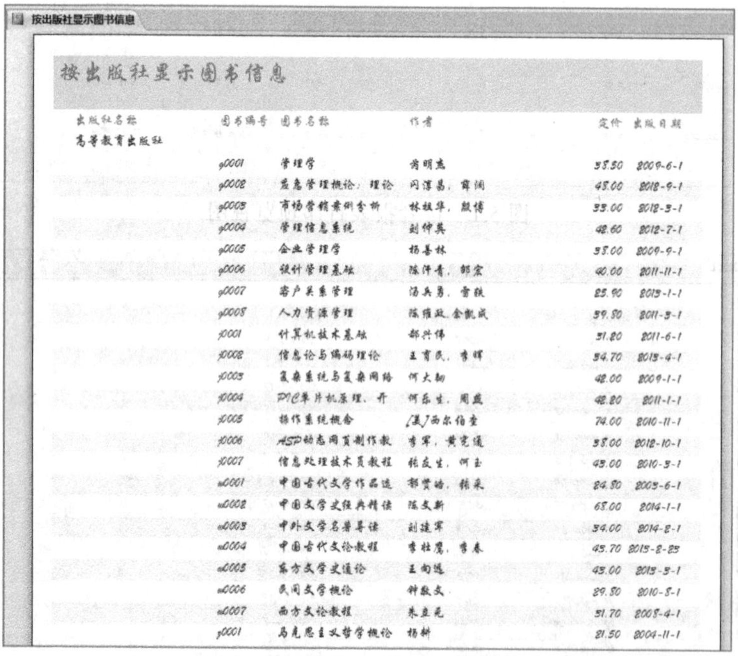
按出版社显示图书信息

按出版社显示图书信息

出版社名称	图书编号	图书名称	作者	定价	出版日期
高等教育出版社					
	g0001	管理学	肖明杰	38.50	2009-6-1
	g0002	应急管理概论：理论	闪淳昌，薛澜	45.00	2012-9-1
	g0003	市场营销案例分析	林祖华，殷博	33.00	2012-3-1
	g0004	管理信息系统	刘仲英	42.60	2012-7-1
	g0005	企业管理学	杨善林	38.00	2009-9-1
	g0006	设计管理基础	陈汗青，邹宏	40.00	2011-11-1
	g0007	客户关系管理	汤兵勇，雷轶	25.90	2013-1-1
	g0008	人力资源管理	陈维政，余凯成	39.50	2011-3-1
	j0001	计算机技术基础	邹兴伟	31.20	2011-6-1
	j0002	信息论与编码理论	王育民，李晖	34.70	2013-4-1
	j0003	复杂系统与复杂网络	何大韧	42.00	2009-1-1
	j0004	PIC单片机原理、开	何乐生，周成	42.20	2011-1-1
	j0005	操作系统概念	[美]西尔伯查	74.00	2010-11-1
	j0006	ASP动态网页制作教	李军，黄宪通	38.00	2012-10-1
	j0007	信息处理技术员教程	张友生，何玉	43.00	2010-3-1
	w0001	中国古代文学作品选	郁贤皓，张采	24.80	2003-6-1
	w0002	中国文学史经典精读	陈文新	68.00	2014-1-1
	w0003	中外文学名著导读	刘建军	34.00	2014-2-1
	w0004	中国古代文论教程	李壮鹰，李春	45.70	2015-2-23
	w0005	东方文学史通论	王向远	43.00	2013-3-1
	w0006	民间文学概论	钟敬文	29.80	2010-8-1
	w0007	西方文论教程	朱立元	31.70	2008-4-1
	z0001	马克思主义哲学概论	杨耕	21.50	2004-11-1

图 5.3　按出版社显示图书信息报表打印预览视图

（4）使用“标签”工具创建报表

【案例 5.4】在“图书管理”数据库中，制作“读者借阅证”标签报表。

① 打开“图书管理”数据库，在数据库的导航窗格中选择报表的数据源“读者”表。

② 单击“创建”选项卡“报表”组中的“标签”按钮，打开“标签向导”对话框，在“型号”下拉列表中选择所需要的标签尺寸（也可以单击“自定义”按钮，自行设计标签尺寸），单击“下一步”按钮。

③ 在打开的“标签向导”对话框中根据需要选择标签文本的字体、字号、颜色、加粗、倾斜、下画线等，单击“下一步”按钮。

④ 在打开的"标签向导"对话框中设置要在标签上显示的内容，在"可用字段"列表框中双击要在标签报表中显示的字段，就会把该字段加入到"原型标签"列表框中，为了让标签意义更明确，可以在每个字段前面输入所需要的文本，然后单击"下一步"按钮，如图 5.4 所示。

⑤ 在打开的"标签向导"对话框中指定标签排序依据，在"可用字段"列表框中，选中"读者编号"字段，单击">"按钮，将其加入到"排序依据"列表框中，作为排序依据，单击"下一步"按钮。

⑥ 在打开的"标签向导"对话框中，输入标签报表的名称，在"请指定报表的名称"文本框中输入标签报表的名称：读者借阅证；单击"完成"按钮。

标签报表打印预览视图如图 5.5 所示。

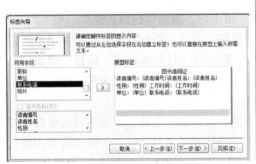

图 5.4 "原型标签"设计窗格

图 5.5 标签报表打印预览视图

2. 报表的设计

（1）常用控件的设计

【案例 5.5】在"图书管理"数据库中，制作"图书"报表。

① 打开"图书管理"数据库，单击"创建"选项卡"报表"组中的"报表设计"按钮，打开报表设计视图，包含"页面页眉""主体""页面页脚"3 部分。

② 打开报表"属性表"，设置报表的"记录源"属性为："图书"表。

③ 单击"报表设计工具/设计"选项卡"工具"组中的"添加现有字段"按钮，打开"图书"表"字段列表"窗格，依次双击"图书编号""图书名称""作者""定价"4 个字段，就分别创建了 4 个标签显示字段名，4 个绑定型文本框显示这 4 个字段的值。再将"出版社名称""出版日期"2 个字段用鼠标拖动到窗体主体节区，就分别创建了 2 个标签显示字段名，2 个绑定型文本框显示这 2 个字段的值。单击"报表设计工具/设计"选项卡"控件"组中的"文本框"按钮，在报表主体节区按住鼠标左键拖动画出一个文本框，弹出"文本框向导"，字体相关属性、输入法模式均采用默认设置，输入文本框名称为：图书类别；单击"完成"按钮，打开文本框"属性表"，设置"数据"属性组中的"控件来源"属性为：图书类别。

单击"报表设计工具/设计"选项卡"控件"组中的"复选框"按钮，在报表主体节区按住鼠标左键拖动画出一个复选框，将与之一起创建的标签控件拖动到复选框左边，设置标签标题为：是否新书；设置复选框"控件来源"属性为：=IIf([出版日期]>=#2014-1-1#,True,False)。

将上面创建的所有标签控件移动到报表页面页眉上，调整控件大小、对齐方式，如图 5.6 所示。

单击"报表设计工具/设计"选项卡"分组和汇总"组中的"分组和排序"按钮，在报表设计视图下方打开一个"分组、排序和汇总"窗格，单击"添加排序"，弹出"排序依据"，单击右边的下拉按钮，选择排序字段：图书编号，设置升序排序。

单击"报表设计工具/设计"选项卡"控件"组中的"直线"按钮，在报表页面页眉下方按住鼠标左键拖动画出一条直线，设置直线高度属性为：0 cm；宽度属性为：19 cm；边框宽度属性为：3 pt。

右击报表，在弹出的快捷菜单中选择"报表页眉/页脚"命令，显示报表页眉/页脚。单击"报表设计工具/设计"选项卡"控件"组中的"标签"按钮，在报表页眉节区按住鼠标左键拖动画出一个大小适当的标签，输入标签标题"图书信息"，选中该标签，在其"属性表"中设置文本对齐属性为：居中；字体为：隶书；字号为：36；字体粗细为：加粗；前景色为：紫色；上边距为：0.4 cm；左边距为：7 cm。单击"窗体设计工具/排列"选项卡"调整大小和排序"组中的"大小/空格"下拉按钮，在下拉列表中选择"正好容纳"选项。

单击"报表设计工具/格式"选项卡"页眉/页脚"组中的"徽标"按钮，弹出"插入图片"对话框，找到要作为报表徽标的图片，单击"打开"按钮，就将该图标添加到报表页眉节区。

单击"报表设计工具/格式"选项卡"页眉/页脚"组中的"日期和时间"按钮，弹出"日期和时间"对话框，在其中设置日期时间格式，单击"确定"按钮，就在报表页眉节区添加了2个计算型文本框控件，其控件来源属性分别为"=date( )""=time( )"。

单击"报表设计工具/设计"选项卡"控件"组中的"文本框"按钮，在报表页面页脚中按住鼠标左键拖动画出一个文本框，弹出"文本框向导"，字体相关属性、输入法模式均采用默认设置，单击"完成"按钮，删除与其一起创建的标签控件，打开文本框"属性表"，设置"数据"属性组中的"控件来源"属性为：="第"&[page]&"页/共"&[pages]&"页"。

单击"报表设计工具/设计"选项卡"控件"组中的"文本框"按钮，在报表页脚中按住鼠标左键拖动画出一个文本框，弹出"文本框向导"，字体相关属性、输入法模式均采用默认设置，输入文本框名称为"图书平均定价："，单击"完成"按钮，打开文本框"属性表"，设置"数据"属性组中的"控件来源"属性为：=avg([定价])。

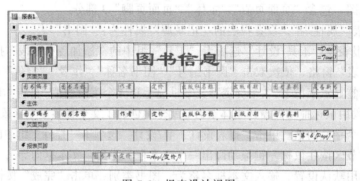

图 5.6　报表设计视图

单击"报表设计工具/设计"选项卡"主题"组中的"主题"下拉按钮，在下拉列表中选择"行云流水"主题，单击即可应用该主题。

单击"报表设计工具/格式"选项卡"背景"组中的"背景图像"下拉按钮，在下拉列表中选择"浏览"选项，弹出"插入图片"对话框，找到要作为报表背景的图片，单击"打开"按钮。在报表"属性表"对话框的"格式"属性组中设置图片对齐方式属性为：中心；图片缩放模式属性为：拉伸。

报表设计视图如图 5.6 所示，报表打印预览视图如图 5.7 和图 5.8 所示。

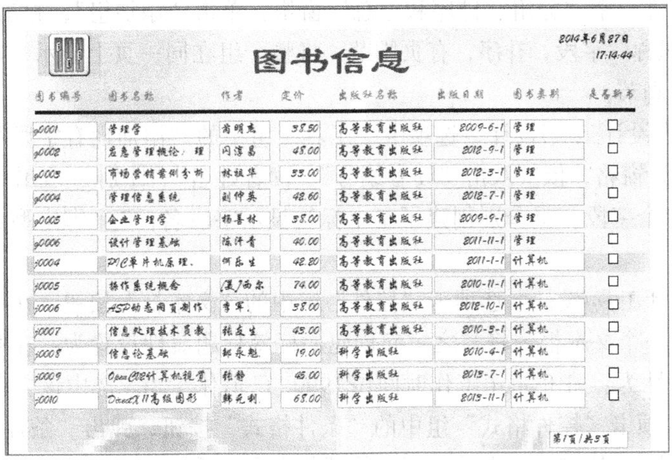

图 5.7　报表打印预览视图

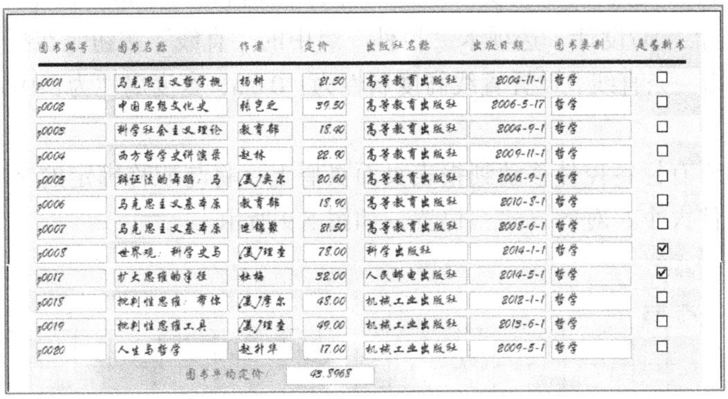

图 5.8　报表打印预览视图

（2）分组排序

【案例 5.6】在"图书管理"数据库中，制作"读者"报表。

① 打开"图书管理"数据库，单击"创建"选项卡"报表"组中的"报表设计"按钮，打开报表设计视图，包含"页面页眉""主体""页面页脚"3 部分。

② 打开报表"属性表"，设置报表的"记录源"属性为："读者"表。

右击报表，在弹出的快捷菜单中选择"报表页眉/页脚"命令，显示报表页眉/页脚。单击"报表设计工具/设计"选项卡"控件"组中的"标签"按钮，在报表页眉节区按住鼠标左键拖动画出一个大小适当的标签，输入标签标题"读者信息"，选中该标签，在其"属性表"中设置文本对齐属性为：居中；字体为：隶书；字号为：36；字体粗细为：加粗；前景色为：紫色；上边距为：0.4 cm；左边距为：6.5 cm。单击"窗体设计工具/排列"选项卡"调整大小和排序"组中的"大小/空格"下拉按钮，在下拉列表中选择"正好容纳"选项。

单击"报表设计工具/设计"选项卡"控件"组中的"文本框"按钮，在报表页眉中按住鼠标左键拖动画出一个文本框，弹出"文本框向导"，字体相关属性、输入法模式均采用默认设置，单击"完成"按钮，删除与其一起创建的标签控件，打开文本框"属性表"，设置"数据"属性组中的"控件来源"属性为：=now()。

③ 单击"报表设计工具/设计"选项卡"分组和汇总"组中的"分组和排序"按钮，在报表设计视图下方打开一个"分组、排序和汇总"窗格，单击"添加组"，弹出"分组形式"，设置分组依据为："职称"字段，升序，有页脚节，将整个组在同一页上显示。在报表上就增加了职称组页眉、组页脚节。

④ 单击"报表设计工具/设计"选项卡"工具"组中的"添加现有字段"按钮，打开"读者"表"字段列表"窗格，依次双击"读者编号""读者姓名""性别""工作时间""职称""单位""联系电话"7 个字段，就分别创建了 7 个标签显示字段名，7 个绑定型文本框显示这 7 个字段的值。

单击"报表设计工具/设计"选项卡"控件"组中的"文本框"按钮，在报表主体节区按住鼠标左键拖动画出一个文本框，将与之一起创建的标签标题属性设置为：在职状态；设置文本框"控件来源"属性为：=IIf(year([工作时间])<1990,"已退休","")。选中该文本框，单击"报表设计工具/格式"选项卡"控件格式"组中的"条件格式"按钮，弹出"条件格式规则管理器"对话框，单击"新建规则"按钮，弹出"新建格式规则"对话框，设置规则："字段值"等于"已退休"；格式：加粗、红色、浅绿底纹；单击"确定"按钮，再单击"确定"按钮。

单击"报表设计工具/设计"选项卡"控件"组中的"直线"按钮，在报表页面页眉下方按住鼠标左键拖动画出一条直线，设置直线高度属性为：0 cm；宽度属性为：19 cm；边框宽度属性为：3 pt。

将上面创建的所有标签控件移动到报表页面页眉上，将与职称绑定的文本框移动到组页眉节区，调整所有控件大小、对齐方式、位置，如图 5.9 所示。

图 5.9　报表设计视图

单击"报表设计工具/设计"选项卡"控件"组中的"文本框"按钮，在职称组页脚中按住鼠标左键拖动画出一个文本框，将与之一起创建的标签标题属性设置为：平均工龄；设置文本框"控件来源"属性为：=avg(year(date())-year([工作时间]))；格式属性为：标准；小数位数为：1；对齐方式为：居中。

单击"报表设计工具/设计"选项卡"控件"组中的"文本框"按钮，在报表页面页脚中按住鼠标左键拖动画出一个文本框，弹出"文本框向导"，字体相关属性、输入法模式均采用默认设置，单击"完成"按钮，删除与其一起创建的标签控件，打开文本框属性表，设置"数据"

属性组中的"控件来源"属性为：="Page"&[page]&"of"&[pages]。

单击"报表设计工具/设计"选项卡"控件"组中的"文本框"按钮，在报表页脚中按住鼠标左键拖动画出一个文本框，弹出"文本框向导"，字体相关属性、输入法模式均采用默认设置，输入文本框名称为："制作单位:"，单击"完成"按钮，打开文本框属性表，设置"数据"属性组中的"控件来源"属性为：="图书馆"。

报表打印预览视图如图 5.10 和图 5.11 所示。

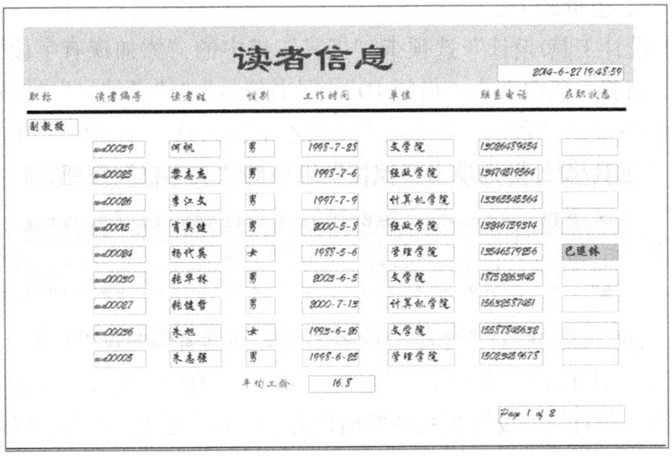

图 5.10　报表打印预览视图一

图 5.11　报表打印预览视图二

【案例 5.7】在"图书管理"数据库中，制作"借阅记录"报表。

① 打开"图书管理"数据库，单击"创建"选项卡"报表"组中的"报表设计"按钮，打开报表设计视图，包含"页面页眉""主体""页面页脚"3 部分。

② 打开报表"属性表"，设置报表的"记录源"属性为："借阅"表。

单击"报表设计工具/格式"选项卡"页眉/页脚"组中的"标题"按钮，在报表页眉节区添加一个标签控件，输入标签标题"借阅信息"，选中该标签，在其"属性表"中设置文本对齐属性为：居中；字体为：华文行楷；字号为：36；单击"报表设计工具/排列"选项卡"调整大小和排序"组中的"大小/空格"下拉按钮，在下拉列表中选择"正好容纳"选项。

③ 单击"报表设计工具/设计"选项卡"分组和汇总"组中的"分组和排序"按钮，在报表设计视图下方打开一个"分组、排序和汇总"窗格，单击"添加组"，弹出"分组形式"，设置分组依据为："读者编号"字段，升序，有页脚节，将整个组在同一页上显示。在报表上就增加了读者编号组页眉、组页脚节。

④ 单击"报表设计工具/设计"选项卡"工具"组中的"添加现有字段"按钮，打开"借阅"表"字段列表"窗格，依次双击"借阅 ID""图书编号""读者编号""借阅日期"4 个字段，就分别创建了 4 个标签显示字段名，4 个绑定型文本框显示这 4 个字段的值。

单击"报表设计工具/设计"选项卡"控件"组中的"文本框"按钮，在报表主体节区按住鼠标左键拖动画出一个文本框，将与之一起创建的标签标题属性设置为：图书名称；设置文本框"控件来源"属性为：=dlookup("图书名称","图书","图书编号='"&图书编号&"'")。使用同样的方法再添加一个文本框，输入文本框名称为：读者姓名；设置"数据"属性组中的"控件来源"属性为：=dlookup("读者姓名","读者","读者编号='"&读者编号&"'")。

单击"报表设计工具/设计"选项卡"控件"组中的"直线"按钮，在报表页面页眉下方按住鼠标左键拖动画出一条直线，设置直线高度属性为：0 cm；宽度属性为：19 cm；边框宽度属性为：3 pt。

将上面创建的所有标签控件移动到报表页面页眉上，将与读者编号绑定的文本框移动到组页眉节区，将显示读者姓名的计算型文本框移动到组页眉节区，调整所有控件大小、对齐方式、位置，如图 5.12 所示。

单击"报表设计工具/设计"选项卡"控件"组中的"文本框"按钮，在读者编号组页脚中按住鼠标左键拖动画出一个文本框，将与之一起创建的标签标题属性设置为：借书数量；设置文本框"控件来源"属性为：=count([借阅 ID])；对齐方式为：居中。

单击"报表设计工具/设计"选项卡"控件"组中的"直线"按钮，在读者编号组页脚下方按住鼠标左键拖动画出一条直线，设置直线高度属性为：0 cm；宽度属性为：19 cm；边框宽度属性为：3 pt；边框颜色属性为：绿色。

单击"报表设计工具/格式"选项卡"页眉/页脚"组中的"页码"按钮，弹出"页码"对话框，设置页码格式：第 N 页，共 M 页；位置：页面底端；对齐：居中；首页显示页码。

单击"报表设计工具/设计"选项卡"控件"组中的"文本框"按钮，在报表页脚中按住鼠标左键拖动画出一个文本框，弹出"文本框向导"，字体相关属性、输入法模式均采用默认设置，输入文本框名称为："制作人："，单击"完成"按钮，打开文本框"属性表"，设置"数据"属性组中的"控件来源"属性为：="都敏俊"。

单击"报表设计工具/设计"选项卡"控件"组中的"文本框"按钮，在报表页脚中按住鼠标左键拖动画出一个文本框，弹出"文本框向导"，字体相关属性、输入法模式均采用默认设置，输入文本框名称为："制作日期："，单击"完成"按钮，打开文本框"属性表"，设置"数据"属性组中的"控件来源"属性为：=date()。

报表设计视图如图 5.12 所示，报表打印预览视图如图 5.13 和图 5.14 所示。

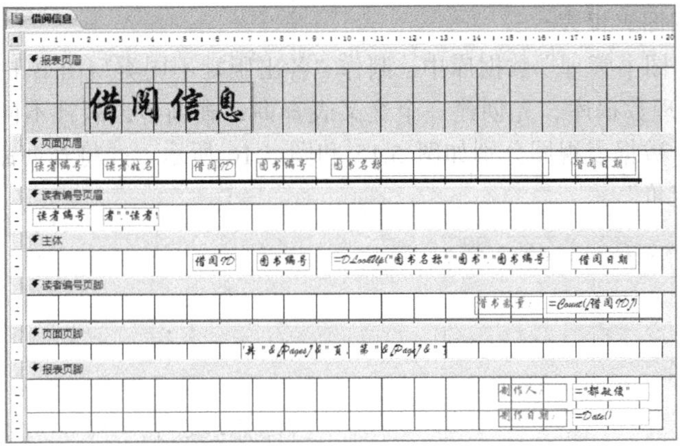

图 5.12 报表设计视图

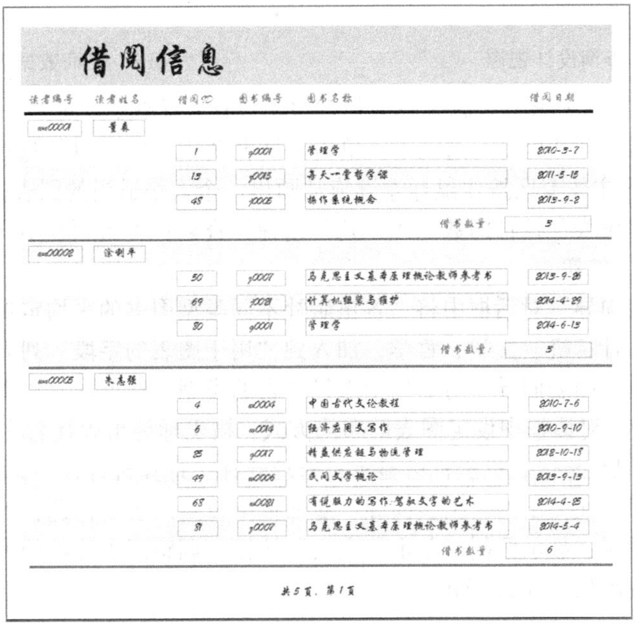

图 5.13 报表打印预览视图一

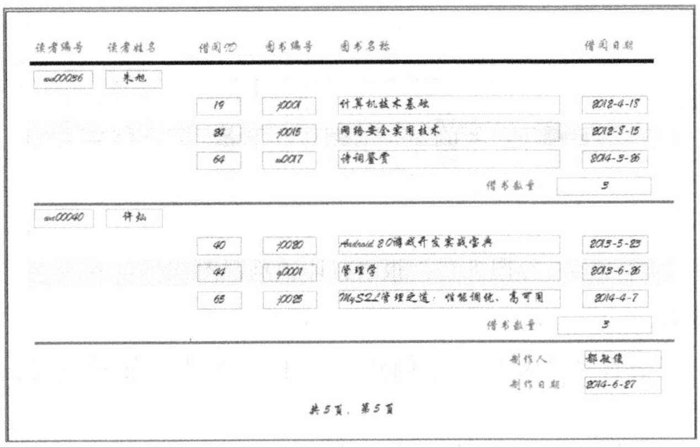

图 5.14 报表打印预览视图二

（3）创建透视图图表报表

【案例 5.8】在"图书管理"数据库中，制作"各出版社不同类型图书平均定价"图表报表。

① 打开图书管理数据库，先创建一个交叉表查询，查询各出版社不同类型图书的平均定价，查询设计视图、数据表视图分别如图 5.15 和图 5.16 所示，并将查询命名为"各出版社不同类型图书的平均定价"。

图 5.15　查询设计视图　　　　　　　　图 5.16　查询数据表视图

② 单击"创建"选项卡"报表"组中的"报表设计"按钮，创建一个新报表，打开该报表的设计视图，同时打开"设计"选项卡。单击"报表设计工具/设计"选项卡"控件"组中的"图表"按钮，在报表主体节区按住鼠标左键拖动画出一个大小适当的图表控件，弹出"图表向导"对话框，选定"图表"控件的数据源，这里选择"查询：各出版社不同类型图书的平均定价"，单击"下一步"按钮。

在弹出的"图表向导"对话框中将"各出版社不同类型图书的平均定价"查询中的字段：出版社名称、管理、计算机、文学、哲学，加入到"用于图表的字段"列表框中，单击"下一步"按钮；在弹出的"图表向导"对话框中选择图表的类型：柱形图，单击"下一步"按钮；在弹出的"图表向导"对话框中设定图表的布局方式：横坐标为出版社名称；将"计算机""文学""哲学"拖动到纵坐标区，纵坐标区显示：管理合计、计算机合计、文学合计、哲学合计，单击"下一步"按钮；在弹出的"图表向导"对话框中设定图表的标题：各出版社不同类型图书的平均定价；并设置：显示图例，单击"完成"按钮。调整图表控件的大小。

报表打印预览视图如图 5.17 所示。

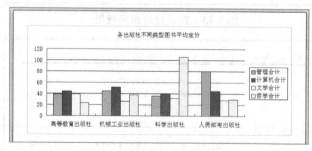

图 5.17　报表打印预览视图

（4）创建主子报表

【案例 5.9】在"图书管理"数据库中创建一个主/子报表，显示读者信息及该读者的借阅记录。

① 创建主报表，设置主报表数据源：打开数据库，单击"创建"选项卡"报表"组中的"报表设计"按钮，创建一个新报表，打开该报表的设计视图，同时打开"设计"选项卡。打开

报表"属性表",选择"数据"属性中的记录源,将其设置为"读者"表。

② 主报表设计:单击"报表设计工具/设计"选项卡"工具"组中的"添加现有字段"按钮,打开"读者"表"字段列表"窗格,依次将"读者编号""读者姓名""性别""职称""单位""联系电话"6个字段拖到报表主体节区,就分别创建了6个标签显示字段名,6个绑定型文本框显示字段值。

③ 单击"报表设计工具/设计"选项卡"控件"组中的"子报表"按钮,在报表主体节区按住鼠标左键拖动画出一个大小适当的子报表,弹出"子报表向导"对话框,选择作为子报表的数据源的类型"使用现有的表和查询",单击"下一步"按钮;在弹出的"子报表向导"对话框中选择作为子报表数据源的表或查询:"借阅"表,并将"借阅"表的字段:借阅 ID、图书编号、借阅日期加入到"选定字段"列表框中,单击"下一步"按钮;在弹出的"子报表向导"对话框中定义主子报表的链接字段:主子报表通过"读者编号"字段链接,单击"下一步"按钮;在弹出的"子报表向导"对话框中指定子报表的名称:借阅记录,单击"完成"按钮。

单击"报表设计工具/设计"选项卡"控件"组中的"矩形"按钮,在报表主体节区按住鼠标左键拖动画出一个大小适当的矩形,设置矩形背景样式属性为:透明。

保存报表,输入名称:读者借阅信息,报表设计视图如图 5.18 所示,报表打印预览视图如图 5.19 所示。

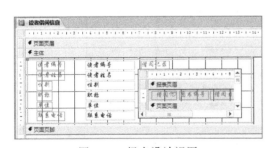

图 5.18　报表设计视图　　　　　　图 5.19　报表打印预览视图

(5)多列报表

可以通过多列报表来创建标签报表。

【案例 5.10】在"图书管理"数据库中,利用多列报表创建一个图书标签报表。

① 创建单列报表:打开数据库,单击"创建"选项卡"报表"组中的"报表设计"按钮,创建一个新报表,打开该报表的设计视图,同时打开"设计"选项卡。打开报表"属性表",选择"数据"属性中的记录源,将其设置为"图书"表。

单击"报表设计工具/设计"选项卡"工具"组中的"添加现有字段"按钮,打开"图书"表"字段列表"窗格,依次将"图书编号""图书名称""作者""定价""出版社名称""出版日期""图书类别"7个字段拖到报表主体节区,就分别创建了7个标签显示字段名,7个绑定型文本框显示字段值。

调整所有控件大小、对齐方式、位置,如图 5.20 所示。

单击"报表设计工具/设计"选项卡"控件"组中的"矩形"按钮,在报表主体节区按住鼠标左键拖动画出一个大小适当的矩形，设置矩形背景样式属性为：透明。

　　② 单击"报表设计工具/页面设置"选项卡"页面布局"组中的"横向"按钮，将纸张方向设为横向，单击"列"按钮，弹出"页面设置"对话框，设置列数为：2；行间距为：0.5 cm；列间距为：5 cm；列尺寸为：与主体相同；列布局为：先列后行；如图5.21所示。

图 5.20　报表设计视图

图 5.21　"页面设置"对话框

　　保存报表，输入名称：图书标签，报表设计视图如图 5.20 所示，报表打印预览视图如图 5.22 所示。

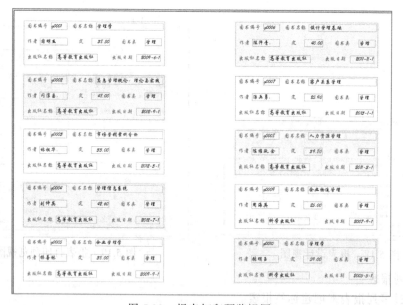

图 5.22　报表打印预览视图

三、实验思考

　　1. 有哪几种自动创建报表的方法，以及报表属性的设置方法？

　　2. 如何在报表中添加各种常用控件，以及控件属性的设置方法？

　　3. 如何在报表中添加绑定型控件、计算型控件？

　　4. 如何在报表中进行排序、分组统计？

　　5. 如何创建标签报表、主/子报表、图表报表？

　　6. 如何美化报表：应用主题、设置条件格式、添加背景图像、添加徽标、插入日期时间、插入分页符和页码、调整控件大小和位置、如何设置控件对齐和间距？

实验 **6**

宏

一、实验目的

1. 理解宏的分类、构成、作用。
2. 掌握创建宏的方法。
3. 掌握使用宏为窗体、报表、控件设置事件属性的方法。

二、实验内容

1. 创建操作序列宏

【案例 6.1】在"图书管理"数据库中，创建一个读者信息窗体，如图 6.1 所示，再创建一个宏，将宏命名为 macro1，要求在宏中实现以下功能：

① 发出嘟嘟声。

② 以只读方式打开"读者信息"窗体。

③ 弹出一个提示对话框，提示：下面将以只读方式打开"读者信息"窗体。

④ 弹出一个提示对话框，提示：下面将从"读者信息"窗体中筛选出 2008 年参加工作的读者。

⑤ 在窗体中应用筛选，筛选出 2008 年参加工作的读者。

⑥ 将窗体页眉区的标题修改为：2008 年参加工作的读者信息。

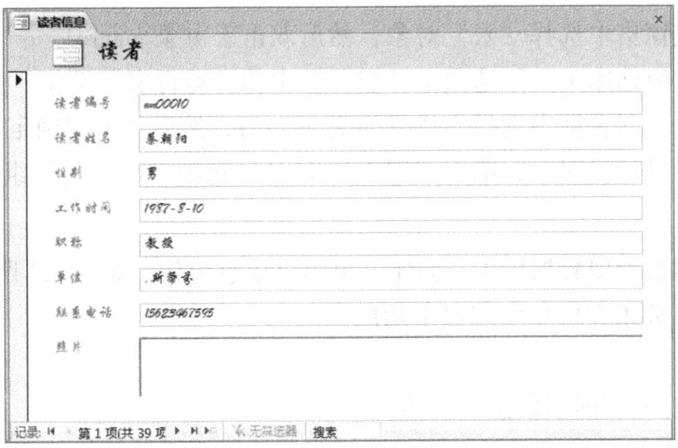

图 6.1　"读者信息"窗体

具体操作步骤如下：

① 创建窗体：打开"图书管理"数据库，选中导航窗格中的"读者"表，单击"创建"选项卡"窗体"组中的"窗体"按钮。系统将自动创建一个以"读者"表为数据源的窗体，并以布局视图显示此窗体。在快速访问工具栏中单击"保存"按钮，弹出"另存为"对话框，在"窗体名称"文本框中输入窗体名称：读者信息，单击"确定"按钮。

② 创建宏：单击"创建"选项卡"宏与代码"组中的"宏"按钮，在打开的宏设计窗口中，依次添加以下宏操作，并按照题目要求设置各个宏操作的相关参数：

Beep 发出嘟嘟声。

OpenForm 打开"读者信息"窗体，数据模式为只读。

MessageBox 弹出一个提示对话框，提示：下面将以只读方式打开"读者信息"窗体，类型为"信息"，标题为"打开窗体"。

MessageBox 弹出一个提示对话框，提示：下面将从"读者信息"窗体中筛选出 2008 年参加工作的读者，发嘟嘟声提示，类型为"重要"，标题为"应用筛选"。

ApplyFilter 在窗体中应用筛选，筛选条件为:year([工作时间])=2008。

SetProperty（在宏中设置对象属性，若空缺控件名称值，则指当前窗体或报表对象），设置窗体页眉区的标签对象的标题属性，控件名称：Auto_Header0，属性：标题，值：2008 年参加工作的读者。

③ 编辑宏操作：

删除宏操作 Beep：在宏的设计视图中，选择需要删除的宏操作 Beep；单击宏操作右边的"X"按钮；或者右击欲删除的宏操作 Beep，在弹出的快捷菜单中选择"删除"命令；或者按【Delete】键。

更改宏操作顺序：在宏的设计视图中，选择需要改变顺序的宏操作 OpenForm，单击宏操作右边的"向下"按钮，或者直接用鼠标拖动 OpenForm 到第一个 MessageBox 之后。

添加注释：在宏的设计视图中，把"操作目录"窗格中的"Comment"拖放在 ApplyFilter 中上方，输入注释信息：下面将从"读者信息"窗体中筛选出 2008 年参加工作的读者。

④ 在快速访问工具栏中单击"保存"按钮，弹出"另存为"对话框，在"宏名"文本框中输入宏的名称 macro1，单击"确定"按钮。宏的设计如图 6.2 所示。

⑤ 运行宏：

方法一：在导航窗格中选择"宏"对象，然后双击宏对象 macro1。

方法二：单击"数据库工具"选项卡"宏"组中的"运行宏"按钮，弹出"执行宏"对话框。在"宏名称"下拉列表框中选择要执行的宏 macro1，然后单击"确定"按钮。

方法三：在宏的设计视图中，单击"宏工具/设计"选项卡"工具"组中的"运行"按钮。

2. 创建宏组

【案例 6.2】在图书管理数据库中，创建一个图书信息窗体，如图 6.3 所示，再创建一个宏，将宏命名为 macro2，要求在宏中实现以下功能：

① 发出嘟嘟声。

② 以只读方式打开"图书信息"窗体。

③ 将窗口最大化。

④ 还原窗口。

⑤ 关闭窗口。

⑥ 退出 Access。

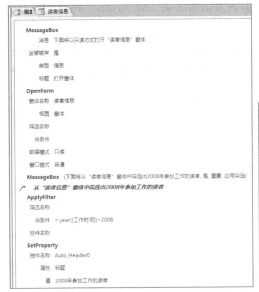

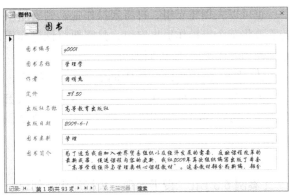

图 6.2　宏的设计　　　　　　　　　　图 6.3　"图书信息"窗体

具体操作步骤如下：

① 创建窗体：打开"图书管理"数据库，选中导航窗格里的"图书"表，单击"创建"选项卡"窗体"组中的"窗体"按钮，创建一个以"图书"表为数据源的窗体，并以布局视图显示此窗体，打开窗体属性表，设置"其他"属性组中的弹出方式属性为：是。在快速访问工具栏中单击"保存"按钮，弹出"另存为"对话框，在"窗体名称"文本框中输入窗体名称：图书信息，单击"确定"按钮。

② 创建宏：单击"创建"选项卡"宏与代码"组中的"宏"按钮，在打开的宏设计窗口中，依次添加以下宏操作，并按照题目要求设置各个宏操作的相关参数：

Beep 发出嘟嘟声。

OpenForm 打开"读者信息"窗体，数据模式为只读。

MessageBox 弹出一个提示对话框，提示：将"图书信息"窗体最大化。

MaximizeWindow 将"图书信息"窗体最大化显示。

MessageBox 弹出一个提示对话框，提示：将"图书信息"窗体还原到初始大小。

RestoreWindow 将"图书信息"窗体还原到原来大小。

MessageBox 弹出一个提示对话框，提示：下面将关闭"图书信息"窗体。

CloseWindow 关闭"图书信息"窗体，对象类型：窗体，对象名称：图书信息，保存：提示。

MessageBox 弹出一个提示对话框，提示：下面将退出 Access。

QuitAccess 退出 Access。

③ 创建宏组：

在宏设计窗口中选中前 2 个宏操作 Beep、OpenForm 并右击，在弹出的快捷菜单中选择"生成分组程序块"命令,即可将选中的宏操作加入到一个分组中,在生成的"Group"块顶部框中输入宏组的名称:G1。

在宏设计窗口中选中第 3 至第 6 个宏操作 MessageBox、MaximizeWindow、MessageBox、RestoreWindow 并右击,在弹出的快捷菜单中选择"生成分组程序块"命令,在生成的"Group"块顶部框中输入宏组的名称:G2。

在宏设计窗口中选中第 7 至第 10 个宏操作 MessageBox、CloseWindow、MessageBox、QuitAccess 并右击,在弹出的快捷菜单中选择"生成分组程序块"命令,在生成的"Group"块顶部框中输入宏组的名称:G3。

也可以先创建宏组,再将宏操作拖动到宏组中。若需要将某个宏操作退出宏组,只需要将该操作用鼠标拖动到"Group"块外面即可。

④ 在快速访问工具栏中单击"保存"按钮,弹出"另存为"对话框,在"宏名"文本框中输入宏的名称 macro2,单击"确定"按钮。宏的设计如图 6.4 所示。

3. 创建条件宏

【案例 6.3】在"图书管理"数据库中,创建一个"登录"窗体,在窗体上添加 2 个文本框控件、2 个标签控件,一个文本框用来输入用户账号,一个文本框用来输入用户密码。创建一个"登录验证"宏,根据用户输入的账号到"用户信息表"中查找该用户是否存在,若不存在,则提示此用户不存在,请重新输入;若用户存在,继续查找用户输入的密码是否正确,若不正确,则提示用户密码错误,请重新输入;若密码正确,继续判断用户身份,若为读者则打开案例 6.1

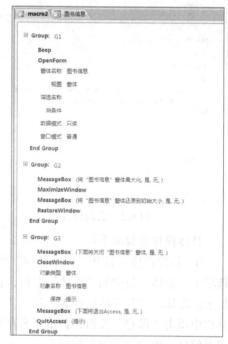

图 6.4　宏的设计

中创建的读者信息窗体,若为管理员则打开案例 6.1 中创建的图书信息窗体。然后在"登录"窗体上再添加一个命令按钮,设置其标题为"登录验证",设置该按钮的单击事件属性为:"登录验证"宏。

具体操作步骤如下:

① 创建"登录"窗体:

打开数据库,单击"创建"选项卡"窗体"组中的"窗体设计"按钮,创建一个新窗体,打开该窗体的设计视图,同时打开"设计"选项卡。

单击"窗体设计工具/设计"选项卡"控件"组中的"文本框"按钮,在窗体主体节区按住鼠标左键拖动画出一个大小适当的文本框,就会在窗体的主体节区创建一个标签和一个文本框控件。

右击该标签控件,在弹出的快捷菜单中选择"属性"命令,打开该标签的"属性表",设置标签"标题"属性值为"请输入用户账号:"。

按照同样方法,再添加一个文本框控件,右击同时创建的标签控件,在弹出的快捷菜单中选择"属性"命令，打开该标签的"属性表"，设置标签"标题"属性值为"请输入用户密码："，打开该文本框的属性表，设置"名称"属性值为"密码"，设置"数据"属性组中的"输入掩码"属性为"密码"。

单击"窗体设计工具/设计"选项卡"控件"组中的"命令按钮"按钮，在窗体主体节区按住鼠标左键拖动画出一个大小适当的命令按钮，设置命令按钮标题为：登录验证，

打开窗体"属性表"，设置窗体"标题"属性为：登录，保存窗体，名称为"登录"。窗体设计视图如图 6.5 所示。

② 创建"登录验证"宏：

单击"创建"选项卡"宏与代码"组中的"宏"按钮，打开"宏设计器"。

在"添加新操作"组合框中输入"If"，在"If"右侧的条件表达式文本框中输入:IsNull(DLookUp("用户账号","用户信息表","用户账号='" & [Forms]![登录]![text1] & "'")),

图 6.5　"登录"窗体

用于验证用户输入的账号是否存在。在其下方"添加新操作"组合框中单击下拉按钮，在下拉列表中选择"MessageBox"，并设置其参数，消息为："没有此用户！"；类型为："警告！"。

然后单击"添加 Else"，在"Else"下的"添加新操作"组合框中单击下拉按钮，选择"If"，在"If"右侧的条件表达式文本框中输入：DLookUp("用户密码","用户信息表","用户账号='" & [Forms]![登录]![text1] & "'")=[Forms]![登录]![Text2]，用于验证用户输入的密码与账号是否匹配。在其下方"添加新操作"组合框中单击下拉按钮，在下拉列表中选择"If"，在"If"右侧的条件表达式文本框中输入：DLookUp("用户身份类型","用户信息表","用户账号='" & [Forms]![登录]![text1] & "'")="读者"，用于辨别用户身份类型。在其下方"添加新操作"组合框中单击下拉按钮，在下拉列表中选择"OpenForm"，并设置其参数，窗体名称为：读者信息。然后单击"添加 Else"，在"Else"下的"添加新操作"组合框中单击下拉按钮，在下拉列表中选择"OpenForm"，并设置其参数，窗体名称为：图书信息。

在第一个"EndIf"的下方单击"添加 Else"，在"Else"下的"添加新操作"组合框中单击下拉按钮，在下拉列表中选择"MessageBox"，并设置其参数，消息为："密码错误！请重新登录！"；类型为："警告！"。

保存宏，名称为"登录验证"，宏设计视图如图 6.6 所示。

③ 打开"登录"窗体设计视图，单击选中"登录验证"命令按钮，打开该命令按钮的属性表，设置其事件组的单击属性为："登录验证"宏。

4. 创建子宏

【案例 6.4】在"图书管理"数据库中，创建一个"信息查询"窗体，在窗体上添加 6 个命令按钮，设置各命令按钮的标题属性分别为："打开登录窗体""打开标签报表（读者借阅证）""打开图书表""运行查询（查询文学院读者借阅信息）""运行宏（筛选出 2008 年参加工作的读者）""退出系统"。创建一个"信息查询"宏，在宏中分别创建 6 个子宏：submacro1（弹出消息提示：打开"登录"窗体，然后打开"登录"窗体）、submacro2（使计算机的小喇叭发出"嘟嘟"声，然后打开"读者借阅证"标签报表）、submacro3（以只读方式打开"图书"表，并弹出消息提示：是否关闭，用户单击"确定"按钮后关闭表）、submacro4（运行"文学院读者借阅信息"查询）、submacro5（运行宏—筛选出 2008 年参加工作的读者，即案例 6.1 中所

创建的宏 macro1）、submacro6（保存所有修改后，退出系统）。

具体操作步骤如下：

① 创建"信息查询"窗体：

打开数据库，单击"创建"选项卡"窗体"组中的"窗体设计"按钮，创建一个新窗体，打开该窗体的设计视图，同时打开"设计"选项卡。

单击"窗体设计工具/设计"选项卡"控件"组中的"命令按钮"按钮，在窗体主体节区按住鼠标左键拖动画出一个大小适当的命令按钮控件，重复操作，再添加 5 个命令按钮控件，分别设置各命令按钮的标题属性为："打开登录窗体""打开标签报表（读者借阅证）""打开图书表""运行查询（查询文学院读者借阅信息）""运行宏（筛选出 2008 年参加工作的读者）""退出系统"。

打开窗体"属性表"，设置窗体"标题"属性为：信息查询，保存窗体，名称为"信息查询"。窗体设计视图如图 6.7 所示。

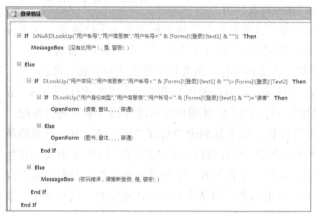

图 6.6　宏的设计　　　　　　　　图 6.7　"信息查询"窗体设计视图

② 创建"文学院读者借阅信息"查询：查询设计视图如图 6.8 所示，并将查询保存，命名为"文学院读者借阅信息"。

③ 创建"信息查询"宏：

单击"创建"选项卡"宏与代码"组中的"宏"按钮，打开"宏设计器"。

在"添加新操作"组合框中输入"Submacro"，在生成的"子宏"块顶部框中输入子宏的名称：submacro1。然后在"子宏"块中添加宏操作。在"添加新操作"组合框中单击下拉按钮，在下拉列表中选择"MessageBox"，并设置其参数，消息为：打开"登录"窗体，发嘟嘟声提示；类型为："重要"；标题为："提示"；再添加一个操作"OpenForm"，并设置其参数，窗体名称为：登录；视图为：窗体。

然后在"End Submacro"下方的"添加新操作"组合框中输入"Submacro"，在生成的"子宏"块顶部框中输入子宏的名称：submacro2。然后在"子宏"块中添加宏操作。单击下拉按钮，在下拉列表中选择"Beep"，再添加一个宏操作，单击下拉按钮，在下拉列表中选择"OpenReport"，并设置其参数，报表名称为："读者借阅证"；视图为："打印预览"。

在"End Submacro"下方的"添加新操作"组合框中输入"Submacro"，在生成的"子宏"块顶部框中输入子宏的名称：submacro3。然后在"子宏"块中添加宏操作。单击下拉按钮，在下拉列表中选择"OpenTable",并设置其参数,表名称为:"图书";视图为:"数据表";数据模式为:"只读";再添加一个操作"MessageBox",并设置其参数,消息为:阅览完后,是否关闭"图书"表,发嘟嘟声提示,类型为:"信息";标题为:"关闭";再添加一个操作"CloseWindows",并设置其参数,对象类型为:表;对象名称为:图书;保存为:否。

然后在"End Submacro"下方的"添加新操作"组合框中输入"Submacro",在生成的"子宏"块顶部框中输入子宏的名称:submacro4。然后在"子宏"块中添加宏操作。单击下拉按钮,在下拉列表中选择"OpenQuery",并设置其参数,查询名称为:"文学院读者借阅信息";视图为:"数据表";数据模式为:"只读"。

在"End Submacro"下方的"添加新操作"组合框中输入"Submacro",在生成的"子宏"块顶部框中输入子宏的名称:submacro5。然后在"子宏"块中添加宏操作。单击下拉按钮,在下拉列表中选择"RunMacro",并设置其宏名称参数为:macro1。

在"End Submacro"下方的"添加新操作"组合框中输入"Submacro",在生成的"子宏"块顶部框中输入子宏的名称:submacro6。然后在"子宏"块中添加宏操作。单击下拉按钮,在下拉列表中选择"QuitAccess",并设置其选项参数为:"全部保存",保存宏,名称为"信息查询",宏设计视图如图 6.9 所示。

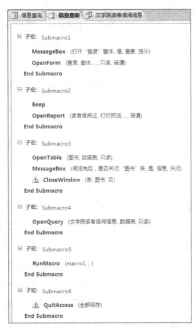

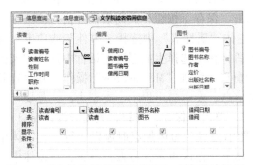

图 6.8 "文学院读者借阅信息"查询设计视图　　　图 6.9 "信息查询"宏设计视图

④ 在"信息查询"窗体上单击"打开登录窗体"命令按钮,打开其"属性表",选择"事件"选项卡,单击"单击"下拉按钮,在下拉列表中选择"信息查询.Submacro1",即在单击该命令按钮时,运行子宏:信息查询.Submacro1,如图 6.10 所示。使用同样的方法设置单击"打开标签报表(读者借阅证)"按钮时,运行子宏:信息查询.Submacro2;单击"打开图书表"按钮时,运行子宏:信息查询.Submacro3;单击"运行查询(查询文学院读者借阅信息)"按钮时,运行子宏:信息查询.Submacro4;单击"运行宏(筛选出 2008 年参加工作的读者)"按钮时,运行子宏:信息查询.Submacro5;单击"退出系统"按钮时,运行子宏:信息查询.Submacro6。

图 6.10　设置通过按钮单击事件触发子宏

还可以通过以下两种方式运行宏中的子宏：

方法一：单击"数据库工具"选项卡"宏"组中的"运行宏"按钮，弹出"执行宏"对话框，在"宏名称"下拉列表框中选择要执行的宏中的子宏，其格式为：宏名.子宏名，单击"确定"按钮。

方法二：在导航窗格中选择"宏"对象，然后双击宏名，将运行宏中的第一个子宏。

5．创建嵌入的宏

【案例 6.5】在图书管理数据库中，为"图书信息"窗体的"加载"事件创建嵌入的宏，用于在打开"图书信息"窗体时，筛选出图书类别为计算机的图书信息。为"图书信息"窗体的主体的"单击"事件创建嵌入的宏，用于取消筛选，显示所有的图书信息。

具体操作步骤如下：

① 打开"图书管理"数据库，打开"图书信息"窗体设计视图，打开窗体的"属性表"。在窗体"属性表"中选择"事件"选项卡，选择"加载"事件属性，并单击框旁边的省略号按钮，在"选择生成器"对话框中选择"宏生成器"选项，单击"确定"按钮。接下来进入宏设计窗口，添加"MessageBox"操作，并设置其参数，消息为：在窗体中只显示图书类别为计算机的图书信息，发嘟嘟声提示，类型为："重要"，标题为："提示"。再添加"ApplyFilter"操作，设置条件参数为：[图书类别]="计算机"。单击"保存"按钮，关闭宏设计窗口。

② 返回到"图书信息"窗体设计视图，在主体"属性表"中选择"事件"选项卡，再选择"单击"事件属性，并单击框旁边的省略号按钮，在"选择生成器"对话框中选择"宏生成器"选项，然后单击"确定"按钮。进入宏设计窗口，添加"MessageBox"操作，并设置其参数，消息为：取消筛选，在窗体中显示所有图书信息，发嘟嘟声提示，类型为："重要"，标题为："提示"。再添加"ShowAllRecords"操作，单击"保存"按钮，关闭宏设计窗口。

③ 进入窗体视图或布局视图，该宏将在"图书信息"窗体加载时触发运行，在窗体中只显示图书类别为计算机的图书信息，在该窗体主体节空白区单击，将取消筛选，在窗体中显示所有图书信息。

宏设计视图如图 6.11 和图 6.12 所示。

6．创建数据宏

【案例 6.6】在"图书管理"数据库中创建数据宏，当输入"读者"表的"职称"字段时，在修改前进行数据验证，并给出错误提示。

具体操作步骤如下：

① 打开"图书管理"数据库，打开"读者"表设计视图，单击"表格工具/设计"选项卡"字段、记录和表格事件"组中的"创建数据宏"按钮，单击"更改前"，就会打开宏设计窗口。

图 6.11 窗体加载事件嵌入的宏设计

图 6.12 主体单击事件嵌入的宏设计

具体操作步骤如下：

② 在"添加新操作"组合框中输入"IF"，在"IF"右边的条件表达式文本框中输入"[职称] Not In ("教授","副教授","讲师","助教")"。在"IF"程序块中的"添加新操作"组合框中单击下拉按钮，在下拉列表中选择"RaiseError"，并设置其参数，错误号为：1111；错误描述为："职称输入有误!"，如图 6.13 所示。单击"保存"按钮，再单击"关闭"按钮，返回到"读者"表设计视图。

这样在修改"读者"表中的职称字段的值时，就会运行该数据宏，如果职称字段的值为"教授","副教授","讲师","助教"之外的值时，就会弹出错误提示框，显示"职称输入有误！"。

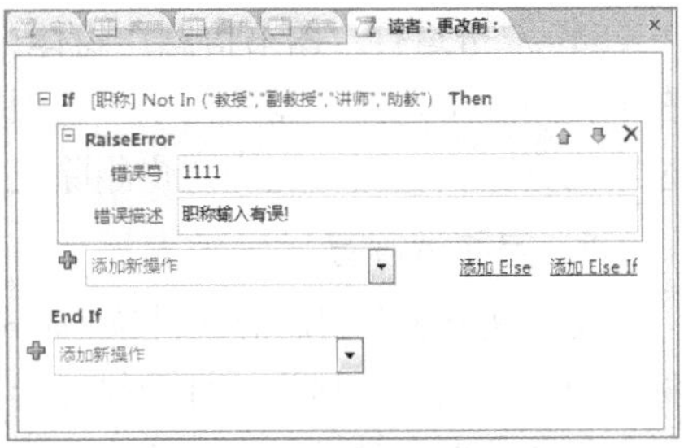

7. 通过事件触发宏

图 6.13 数据宏的设计

【案例 6.7】在图书管理数据库中，创建一个"图书信息"窗体，在窗体中显示图书信息。创建一个"删除验证"宏，先弹出一个输入框，如图 6.14 所示，提示：用户输入数据操作验证码，如果用户输入的验证码等于"123456"，则允许用户删除数据，否则：先弹出一个提示信息框，提示用户：验证没有通过，你没有此权限，如图 6.15 所示，然后取消删除事件。在"图书信息"窗体中，设置窗体"确认删除前"事件属性为："删除验证"宏，即一旦用户要删除窗体上的记录时，将会运行"删除验证"宏，让用户输入验证码，验证通过才能删除，否则不允许用户删除记录。

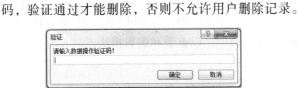

图 6.14 数据操作验证输入框

图 6.15 验证提示信息框

具体操作步骤如下：

① 创建"删除验证"宏：打开"图书管理"数据库，单击"创建"选项卡"宏与代码"组中的"宏"按钮，打开"宏设计器"，在"添加新操作"组合框中单击下拉按钮，在下拉列表中选择"IF"，在"IF"右边的条件表达式文本框中输入"InputBox("请输入数据操作验证码！", "验证")<>"123456""。在"IF"程序块中的"添加新操作"组合框中单击下拉按钮，在下拉列表中选择"MessageBox"，并设置其参数，消息为：验证没有通过，你没有此权限，发嘟嘟声提示，类型为："重要"；标题为："提示"；再单击"添加新操作"组合框中下拉按钮，添加一个操作"CancelEvent"。宏设计视图如图 6.16 所示。

Inputbox（输入框函数）注解：

输入框函数用于在一个对话框中显示提示，等待用户输入正文并按下按钮，然后返回包含文本框内容的数据信息。

Inputbox 函数格式为：

```
Inputbox(Prompt[,Titlel] [,Default])
```

说明：Prompt：提示信息；Titlel：对话框标题；Default：默认输入值；Prompt 为必选参数，Titlel 和 Default 为可选参数。函数中的各部分要用引号括起来。单击对话框中的"确定"按钮，函数返回在文本框中输入的文本，单击"取消"按钮，返回空字符串。

图 6.16　宏设计视图

② 设置通过响应对象的事件运行宏：在"图书信息"窗体设计视图中，打开窗体属性表，单击"事件属性组"中的"确认删除前"属性的下拉按钮，在下拉列表中选择"删除验证"宏，单击"保存"按钮。

③ 双击运行"图书信息"窗体，单击"开始"选项卡"记录"组中的"删除"下拉按钮，在下拉列表中选择"删除记录"选项，就会运行"删除验证"宏，让用户输入验证码，验证通过才能删除，否则不允许用户删除记录。

8. 自动运行宏

将案例 6.3 中创建的宏对象 macro3 的名字设置为"AutoExec"，则在每次打开数据库时，将自动执行该宏，称为"自动执行宏"，可以在该宏中设置数据库初始化的相关操作。如果不想在打开数据库时运行 AutoExec 宏，可在打开数据库时按住【Shift】键。

9. 将宏转换为 Visual Basic 程序代码

将宏转换为 VBA 代码的操作步骤如下：

① 在导航窗格中，右击案例 6.1 中创建的宏对象 macro1，在弹出的快捷菜单中选择"设计视图"命令。

② 单击"宏工具/设计"选项卡"工具"组中的"将宏转换为 Visual Basic 代码"按钮，弹出"转换宏"对话框，在"转换宏"对话框中，指定是否要将错误处理代码和注释添加到 VBA 模块，单击"转换"按钮；转换完毕后弹出提示信息框，单击"确定"按钮，将打开 Visual Basic 编辑器，在"项目"窗格中双击"被转换的宏—macro1"，以查看和编辑模块。

三、实验思考

1. 有哪几种不同类型宏（操作序列宏、宏组、子宏、条件宏、嵌入的宏、数据宏）的设计方法？

2. 常用宏操作的参数设置方法。

3. 宏的 7 种运行方法（双击导航窗格中的宏对象名、单击"数据库工具"选项卡中的"运行宏"按钮、单击"宏工具/设计"选项卡中的"运行"按钮、通过响应对象的事件运行宏、在宏中用 RunMacro 宏操作运行宏、在模块中用 VBA 代码 Docmd.Runmacro 运行宏、自动执行宏）。若想在打开数据库时不运行自动执行宏，如何操作？

4. 如何调试宏，以分析和修改宏中的错误？

5. 如何编辑宏操作：添加、删除、添加注释、更改次序？

6. 如何将宏转换为 Visual Basic 程序代码？

实验 ⑦

VBA 程序设计基础

一、实验目的

1. 熟悉 VBE 编辑器的使用。
2. 掌握 VBA 的基本语法规则、各种运算符、函数的使用方法。
3. 掌握 VBA 的 3 种流程控制结构：顺序结构、选择结构和循环结构。
4. 熟悉过程和模块的概念、创建及使用方法。
5. 掌握为窗体、报表或控件编写 VBA 事件过程代码的方法。

二、实验内容

【案例 7.1】启动 VBE 编辑器。

启动 VBE 编辑器的常用方法如下：

① 单击"创建"选项卡"宏与代码"组中的"模块"/"类模块"/"Visual Basic"按钮，均可以打开 VBE 窗口。

② 在导航窗格的"模块"组中双击所要显示的模块名称，就会打开 VBE 窗口并显示该模块的内容。

③ 单击"数据库工具"选项卡"宏"组中的"Visual Basic"按钮，打开 VBE 窗口。在 VBE 窗口中选择"插入"菜单中的"模块"命令，或在 VBE 窗口"标准"工具栏中单击"插入模块"下拉按钮，在下拉列表中选择"模块"命令，可以创建新的标准模块。

④ 在窗体设计视图或报表设计视图中，单击"窗体设计工具/设计"选项卡或"报表设计工具/设计"选项卡"工具"组中的"查看代码"按钮。

⑤ 在窗体、报表的设计视图中，右击控件对象，在弹出的快捷菜单中选择"事件生成器"命令，打开"选择生成器"对话框，选择其中的"代码生成器"选项，单击"确定"按钮。或单击"属性表"对话框中的"事件"选项卡，选中某个事件并单击属性框右边的省略号按钮，也可以打开"选择生成器"对话框，选择其中的"代码生成器"选项，单击"确定"按钮。

⑥ 使用【Alt+F11】组合键，可以在 Access 主窗口和 VBE 窗口之间进行切换。

【案例 7.2】在 VBE 窗口中输入子过程 s1 并运行，查看程序运行结果。

① 在 VBE 编辑器中，选择"插入"菜单中的"模块"命令创建一个新的标准模块。

② 在标准模块中输入子过程 s1。

```
Private Sub s1()
```

```
    Dim a,b,c As Integer
    a=Instr(5,"Wellcome to Beijing","e")
    b=Sgn(5>=2)
    c=a+b
    Debug.print c
End Sub
```

③ 在 VBE 编辑器中单击"标准"工具栏中的"运行"按钮，选择运行子过程 s1，运行结果显示在立即窗口中，如图 7.1 所示。

【案例 7.3】在 VBE 窗口中输入子过程 s2 并运行，查看程序运行结果。

① 在 VBE 编辑器中，选择"插入"菜单中的"模块"命令创建一个新的标准模块。

② 在标准模块中输入子过程 s2。

```
Private Sub s2()
    Dim D1 As Date
    Dim D2 As Date
    D1=#2013-12-25#
    D2=#2014-1-6#
    Debug.print DateDiff("ww",D1,D2)
End Sub
```

③ 在 VBE 编辑器中单击"标准"工具栏中的"运行"按钮，选择运行子过程 s2，运行结果显示在立即窗口中，如图 7.2 所示。

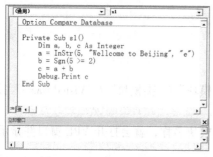

图 7.1　子过程 s1 运行结果

图 7.2　子过程 s2 运行结果

【案例 7.4】在 VBE 窗口中输入子过程 s3 并运行，查看程序运行结果。

① 在 VBE 编辑器中，选择"插入"菜单中的"模块"命令创建一个新的标准模块。

② 在标准模块中输入子过程 s3。

```
Private Sub s2()
    Dim z As Boolean
    x=Sqr(3)
    y=Sqr(2)
    z=x>y
    MsgBox z
End Sub
```

③ 在 VBE 编辑器中单击"标准"工具栏中的"运行"按钮，选择运行子过程 s3，运行结果显示在消息框中，如图 7.3 所示。

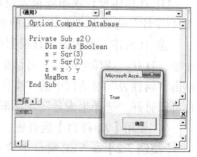

图 7.3　子过程 s3 运行结果

【案例 7.5】在 VBE 窗口中输入子过程 s4 并运行，查看程序运行结果。

① 在 VBE 编辑器中，选择"插入"菜单中的"模块"命令创建一个新的标准模块。

② 在标准模块中输入子过程 s4。

```
Private Sub s4()
    If Hour(Time())>=8 And Hour(Time())<12 Then
        MsgBox "上午好！"
    ElseIf Hour(Time())>=12 And Hour(Time())<=18 Then
        MsgBox "下午好！"
    Else
        MsgBox "欢迎下次光临！"
    End If
End Sub
```

③ 在 VBE 编辑器中单击"标准"工具栏中的"运行"按钮，选择运行子过程 s4，运行结果显示在立即窗口中，如图 7.4 所示。

【案例 7.6】在 VBE 窗口中输入子过程 s5 并运行，查看程序运行结果。

① 在 VBE 编辑器中，选择"插入"菜单中的"模块"命令创建一个新的标准模块。

② 在标准模块中输入子过程 s5。

```
Private Sub s5()
    Select Case Hour(Time())
        Case 8 to 11
            MsgBox "上午好！"
        Case 12 to 18
            MsgBox "下午好！"
        Case Else
            MsgBox "欢迎下次光临！"
    End Select
End Sub
```

③ 在 VBE 编辑器中单击"标准"工具栏中的"运行"按钮，选择运行子过程 s4，运行结果显示在消息框中，如图 7.5 所示。

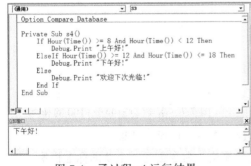

图 7.4　子过程 s4 运行结果

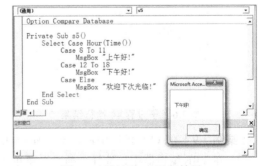

图 7.5　子过程 s4 运行结果

【案例 7.7】在 VBE 窗口中输入子过程 s6 并运行，查看程序运行结果。

① 在 VBE 编辑器中，选择"插入"菜单中的"模块"命令创建一个新的标准模块。

② 在标准模块中输入子过程 s6。

```
Private Sub s6()
    x=24
    y=238
    Select Case y\10
```

```
    Case 0
        z=x*10+y
    Case 1 to 9
        z=x*100+y
    Case 10 to 99
        z=x*1000+y
    End Select
End Sub
```

③ 在 VBE 编辑器中单击"标准"工具栏中的"运行"按钮，选择运行子过程 s4，运行结果显示在立即窗口中，如图 7.6 所示。

【案例 7.8】求 1+2+3+4+…+100 的和。

① 在 VBE 编辑器中，选择"插入"菜单中的"模块"命令创建一个新的标准模块。

② 在标准模块中编写过程 s7，求 1+2+3+4+…+100 的和。

```
Private Sub s7()
    Dim s,i As Integer
    s=0
    For i=1 to 100 Step 1
      s=s+i
    Next i
    Debug.print s
End Sub
```

③ 在 VBE 编辑器中单击"标准"工具栏中的"运行"按钮，选择运行子过程 s7，运行结果显示在立即窗口中，如图 7.7 所示。

图 7.6 子过程 s4 运行结果

图 7.7 求 1+2+3+4+…+100 的和

【案例 7.9】在 VBE 窗口中输入子过程 s8 并运行，查看程序运行结果。

① 在 VBE 编辑器中，选择"插入"菜单中的"模块"命令创建一个新的标准模块。

② 在标准模块中输入子过程 s8。

```
Private Sub s8()
    sum=0
    n=0
    For a=1 to 5
      x=n/a
      n=n+1
      sum=sum+x
```

```
   Next a
   Debug.print a,sum
End Sub
```

③ 在 VBE 编辑器中单击"标准"工具栏中的"运行"按钮，选择运行子过程 s8，运行结果显示在立即窗口中，如图 7.8 所示。

【**案例 7.10**】在 VBE 窗口中输入子过程 s9 并运行，查看程序运行结果。

① 在 VBE 编辑器中，选择"插入"菜单中的"模块"命令创建一个新的标准模块。

② 在标准模块中输入子过程 s9。

```
Private Sub s9()
   x=1
   For x=1 to 3
     Select Case x
       Case 1,3
           x=x+1
       Case 2,4
           x=x+2
     End Select
   Next x
   Debug.Print "a=" & x
End Sub
```

③ 在 VBE 编辑器中单击"标准"工具栏中的"运行"按钮，选择运行子过程 s9，运行结果显示在立即窗口中，如图 7.9 所示。

【**案例 7.11**】在 VBE 窗口中输入子过程 s10 并运行，查看程序运行结果。

① 在 VBE 编辑器中，选择"插入"菜单中的"模块"命令创建一个新的标准模块。

图 7.8　子过程 s8 运行结果

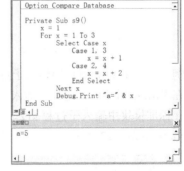

图 7.9　子过程 s9 运行结果

② 在标准模块中输入子过程 s10。

```
Private Sub s10()
   x=0
   For a=1 to 3 Step 1
     For b= 1 to 3 Step 1
        x=x+1
     Next b
   Next a
   Debug.Print "a=" & a, "b=" & b, "x=" & x
End Sub
```

③ 在 VBE 编辑器中单击"标准"工具栏中的"运行"按钮，选择运行子过程 s10，运行结果显示在立即窗口中，如图 7.10 所示。

【案例 7.12】在 VBE 窗口中输入子过程 s11 并运行，查看程序运行结果。

① 在 VBE 编辑器中，选择"插入"菜单中的"模块"命令创建一个新的标准模块。

② 在标准模块中输入子过程 s11。

```
Private Sub s11()
    x=0
    For a=1 to 3 Step 1
      For b= 1 to 3 Step1
        For c=1 to 3 Step 1
            x=x+1
        Next c
      Next b
    Next a
    Debug.Print "a=" & a, "b=" & b, "c=" & c,"x=" & x
End Sub
```

③ 在 VBE 编辑器中单击"标准"工具栏中的"运行"按钮，选择运行子过程 s11，运行结果显示在立即窗口中，如图 7.11 所示。

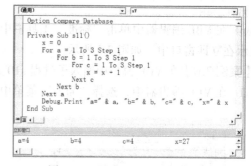

图 7.10　子过程 s10 运行结果　　　　图 7.11　子过程 s11 运行结果

【案例 7.13】在 VBE 窗口中输入子过程 s12 并运行，查看程序运行结果。

① 在 VBE 编辑器中，选择"插入"菜单中的"模块"命令创建一个新的标准模块。

② 在标准模块中输入子过程 s12。

```
Private Sub s12()
    f0=1:f1=1:n=1
    Do While n<=5
        f=f0+f1
        f0=f1
        f1=f
        n=n+1
    Loop
    MsgBox "f = " & f
End Sub
```

③ 在 VBE 编辑器中单击"标准"工具栏中的"运行"按钮，选择运行子过程 s11，运行结果显示在消息框中，如图 7.12 所示。

【案例 7.14】在 VBE 窗口中输入子过程 s13 并运行，查看程序运行结果。

① 在 VBE 编辑器中，选择"插入"菜单中的"模块"命令创建一个新的标准模块。

② 在标准模块中输入子过程 s13。

```
Private Sub s13()
    Dim a As Integer
    Dim b As Integer
    a=2:b=3
    Do Until a<=30
        b=b+a^2
        a=a+2
    Loop
    MsgBox "a=" & a & ", b=" & b
End Sub
```

③ 在 VBE 编辑器中单击"标准"工具栏中的"运行"按钮，选择运行子过程 s13，运行结果显示在消息框中，如图 7.13 所示。

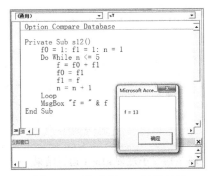

图 7.12 子过程 s12 运行结果

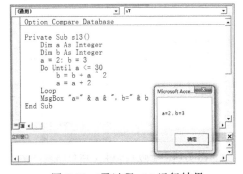

图 7.13 子过程 s13 运行结果

【案例 7.15】在 VBE 窗口中输入两个子过程 s14_1 和 s14_2 并运行，查看程序运行结果。

① 在 VBE 编辑器中，选择"插入"菜单中的"模块"命令创建一个新的标准模块。

② 在标准模块中输入子过程 s14_1 和 s14_2。

```
Private Sub s14_1 ()
    Dim a As Integer,b As Integer
    a=12:b=32
    Call s14_2(a,b)
    MsgBox a & Chr(32) & b
End Sub
Public Sub s14_2(x As Integer,ByVal y As Integer)
    y=y mod 10
    x=x mod 10
End Sub
```

③ 在 VBE 编辑器中单击"标准"工具栏中的"运行"按钮，选择运行子过程 s14_1，运行结果显示在消息框中，如图 7.14 所示。

【案例 7.16】在 VBE 窗口中输入两个子过程 s15_1 和 s15_2 并运行，查看程序运行结果。

① 在 VBE 编辑器中，选择"插入"菜单中的"模块"命令创建一个新的标准模块。

② 在标准模块中输入子过程 s15_1 和 s15_2。

```
Private Sub s15_1()
    Dim s As Integer
```

```
        s=s15_2(1)+s15_2(2)+s15_2(3)+s15_2(4)
        MsgBox s
    End Sub
    Public Function s15_2(n As Integer) As Integer
        Dim sum As Integer
        sum=0
        For i=1 To n
            sum=sum+i
        Next i
        s15_2=sum
    End Function
```

③ 在 VBE 编辑器中单击"标准"工具栏中的"运行"按钮，选择运行子过程 s15_1，运行结果显示在消息框中，如图 7.15 所示。

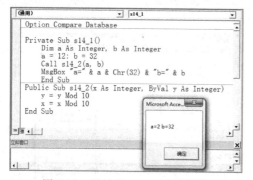

图 7.14　子过程 s14_1 运行结果

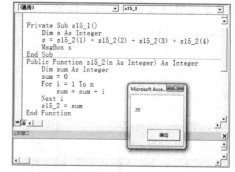

图 7.14　子过程 s15_1 运行结果

【案例 7.17】在 VBE 窗口中输入子过程 s16，运行该子过程，在出现的输入框中输入整数 10，查看程序运行结果。

① 在 VBE 编辑器中，选择"插入"菜单中的"模块"命令创建一个新的标准模块。

② 在标准模块中输入子过程 s16。

```
Private Sub s16()
    x=Val(InputBox("请输入 x 的值: "))
    y=1
    If x<>0 Then y=2
    Debug.print "y=" & y
End Sub
```

③ 在 VBE 编辑器中单击"标准"工具栏中的"运行"按钮，选择运行子过程 s16，在输入框中输入整数 10，单击"确定"按钮，运行结果显示在立即窗口中，如图 7.16 和 7.17 所示。

图 7.16　输入 x 的值

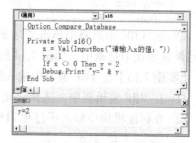

图 7.17　子过程 s16 运行结果

【**案例 7.18**】在 VBE 窗口中输入子过程 s17，运行该子过程，在出现的输入框中输入数据 10，8，5，0，查看程序运行结果。

① 在 VBE 编辑器中，选择"插入"菜单中的"模块"命令创建一个新的标准模块。

② 在标准模块中输入子过程 s17。

```
Private Sub s17()
    Dim sum As Integer,m As Integer
    Sum=0
    Do
        m=Val(InputBox("请输入 m 的值: "))
        sum=sum+m
    Loop Until m=0
    MsgBox sum
End Sub
```

③ 在 VBE 编辑器中单击"标准"工具栏中的"运行"按钮，选择运行子过程 s17，在输入框中分别输入 10，8，5，0，并单击"确定"按钮，运行结果显示在消息框中，如图 7.18 所示。

【**案例 7.19**】编写子过程 s18，运行该子过程后，出现如图 7.19 所示的消息框。

图 7.18　子过程 s17 运行结果

图 7.19　消息框

① 在 VBE 编辑器中，选择"插入"菜单中的"模块"命令创建一个新的标准模块。

② 在标准模块中输入子过程 s18，如图 7.20 所示

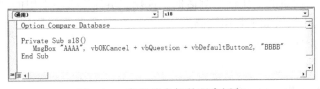

图 7.20　实现消息框的程序语句

③ 运行子过程 s18，查看结果。

【**案例 7.20**】现有窗体对象"fPrint"，编写相应事件过程代码。完成以下功能：

在"输出"窗体上单击"输出"按钮（名为"bTnp"），弹出一个输入对话框，其提示文本为"请输入大于 0 的整数值"。

① 当输入值为 1 时，相关代码关闭窗体。

② 当输入值为 2 时，相关代码实现预览输出报表对象"教师"。

③ 当输入值>=3 时，相关代码调用宏对象"mEmp"以打开数据表"图书"。

具体操作步骤如下：

① 以设计视图打开"fPrint"窗体。

② 右击"输出"按钮，在弹出的快捷菜单中选择"属性"命令，打开"属性"对话框，选择"事件"选项卡，单击"单击"事件右侧的按钮[...]，打开"选择生成器"对话框，选择"代码生成器"，打开 VBE 编辑器。

③ 在 VBE 编辑器中输入程序代码，如图 7.21 所示。

④ 切换到窗体视图，单击"输出"按钮，在打开的输入框中分别输入 1，2，3，单击"确定"按钮，查看运行结果。

【案例 7.21】现有窗体对象"fTest"，编写相应事件过程代码。完成以下功能：

① 窗体加载时设置窗体标题属性为系统当前日期。窗体"加载"事件的代码已提供，请补充完整。

② 在窗体中有"修改"和"保存"两个按钮，名称分别为"Edit"和"Save"，其中"保存"按钮在初始状态为不可用，当单击"修改"按钮后，应使"保存"按钮变为可用。

③ 在窗体中还有"退出"按钮，名称为"Quit"。单击"退出"按钮，关闭窗体。

具体操作步骤如下：

① 以设计视图打开"fTest"窗体，打开"fTest"窗体的属性对话框。

② 在打开的"属性"对话框中单击"事件"选项卡，单击"加载"事件右侧的按钮[...]，打开"选择生成器"对话框，选择"代码生成器"，打开 VBE 编辑器。在 VBE 编辑器中输入如下程序代码。

```
Private Sub Form_Load()
    Me.Caption=Date
End Sub
```

③ 打开"修改"按钮的"属性"对话框，选择"事件"选项卡中的"单击"事件，打开 VBE 编辑器并在其中输入如下程序代码。

```
Private Sub Edit_Click()
    Me.Save.Enabled=True
End Sub
```

④ 打开"退出"按钮的"属性"对话框，选择"事件"选项卡中的"单击"事件，打开 VBE 编辑器，并在其中输入如下程序代码。

```
Private Sub Quit_Click()
    DoCmd.Close
End Sub
```

设置完成的 VBE 编辑窗口如图 7.22 所示。

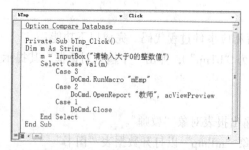

图 7.21 "输出"按钮单击事件过程代码

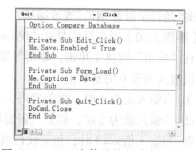

图 7.22 fTest 窗体及按钮事件过程代码

⑤ 切换到窗体视图，查看窗体标题栏显示的信息。分别单击"修改"按钮和"退出"按钮，查看运行结果。

【案例 7.22】在"fEmp"窗体上单击"输出"按钮（名为"Print"），实现以下功能：计算 Fibonacci 数列第 19 项的值，将结果显示在窗体上名为"tData"的文本框中。

Fibonacci 数列定义：

$$f_1=1 \qquad\qquad n=1$$
$$f_2=1 \qquad\qquad n=2$$
$$f_n=f_{n-1}+f_{n-2} \qquad n\geqslant 3$$

① 以设计视图打开"fEmp"窗体，打开"fEmp"窗体的属性对话框。

② 打开"修改"按钮的属性对话框，选择"事件"选项卡中的"单击"事件，打开 VBE 编辑器，并在其中输入图 7.23 所示的程序代码。

③ 切换到窗体视图，单击"输出"按钮，查看运行结果。

【案例 7.23】在窗体"fEmp"的"加载"事件中设置标签"bTitle"以红色文本显示；单击"预览"按钮（名为"bt1"），事件过程传递参数调用同一个用户自定义代码（mdPnt）过程，实现以预览方式打开报表；单击"退出"按钮（名为"bt2"），调用设计好的宏"Rmp"以关闭窗体。

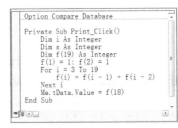

图 7.23　计算 Fibonacci 数列程序代码

① 以设计视图打开"fEmp"窗体，打开"fEmp"窗体的"属性"对话框。

② 在打开的"属性"对话框中单击"事件"选项卡，选择"加载"事件并打开 VBE 编辑器，在 VBE 编辑器中输入如下程序代码。

```
Private Sub Form_Load()
    Me.bTitle.ForeColor=RGB(255, 0, 0)
End Sub
```

③ 打开"预览"按钮的"属性"对话框，选择"事件"选项卡中的"单击"事件，打开 VBE 编辑器，并在其中输入如下程序代码。

```
Private Sub bt1_Click()
    Call mdPnt(2)
End Sub
Private Sub mdPnt(flag As Integer)
    DoCmd.OpenReport "教师", flag
End Sub
```

④ 打开"退出"按钮的"属性"对话框，选择"事件"选项卡中的"单击"事件，打开 VBE 编辑器并在其中输入如下程序代码。

```
Private Sub bt2_Click()
    DoCmd.RunMacro "Rmp"
End Sub
```

设置完成的 VBE 编辑窗口如图 7.24 所示。

⑤ 切换到窗体视图，查看窗体标签显示文字的颜色。分别单击"预览"按钮和"退出"按钮，查看运行结果。

【案例 7.24】在窗体"fTud"加载时，窗体题标显示为标签 bTitle 的标题，单击"报表输出"按钮（名为"bt1"），事件代码会弹出图 7-25 所示的消息框，选择是否打开报表，单击"是"

按钮，以预览方式打开报表"教师"；单击"否"按钮，关闭窗体。

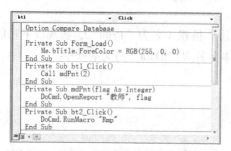

图 7.24　fEmp 窗体及按钮事件过程代码

图 7.25　消息框

① 以设计视图打开"fTud"窗体，打开"fTud"窗体的"属性"对话框。

② 在打开的"属性"对话框中单击"事件"选项卡，选择"加载"事件并打开 VBE 编辑器。在 VBE 编辑器中输入如下程序代码。

```
Private Sub Form_Load()
    Me.Caption=Me.bTitle.Caption
End Sub
```

③ 打开"预览报表"按钮的"属性"对话框，选择"事件"选项卡中的"单击"事件，打开 VBE 编辑器，并在其中输入如下程序代码。

```
Private Sub Command1_Click()
    Dim a As Integer
    a=MsgBox("报表预览", vbYesNo+vbQuestion, "确认")
    If a=6 Then
        DoCmd.OpenReport "教师", acViewPreview
    Else
        DoCmd.Close
    End If
End Sub
```

设置完成的 VBE 编辑窗口如图 7.26 所示。

④ 切换到窗体视图，查看窗体标题栏显示的信息。单击"预览报表"按钮，在打开的消息框中分别单击"是"和"否"按钮，查看运行结果。

【案例 7.25】在"fTest"窗体上单击"输出素数个数及最大值"按钮（名为"bPrime"），实现以下功能：计算 10 000 以内的素数个数及最大素数，将其显示在窗体上名为"tData"的文本框内。

① 以设计视图打开"fTud"窗体。

② 在打开的"属性"对话框中单击"事件"选项卡，选择"加载"事件并打开 VBE 编辑器。在 VBE 编辑器中输入如下程序代码。

```
Private Sub bPrime_Click()
    Dim n As Integer
    Dim max As Integer
    Dim a As Integer
    For a=2 To 10000 Step 1
        If SuShu(a) Then
            n=n+1
```

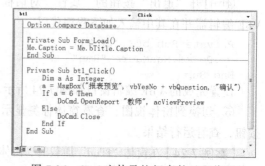

图 7.26　fTud 窗体及按钮事件过程代码

```
        If a>max Then
            max=a
        End If
     End If
  Next a
  Me.tData="数量: " & n & "最大值: " & max
End Sub
Private Function SuShu(ByVal x As Long) As Boolean
  Dim i As Long
  SuShu=False
  For i=2 To x-1
    If(x Mod i)=0 Then
       Exit For
    End If
  Next i
  If i=x Then
    SuShu=True
  End If
End Function
```

设置完成的 VBE 编辑窗口如图 7.27 所示。

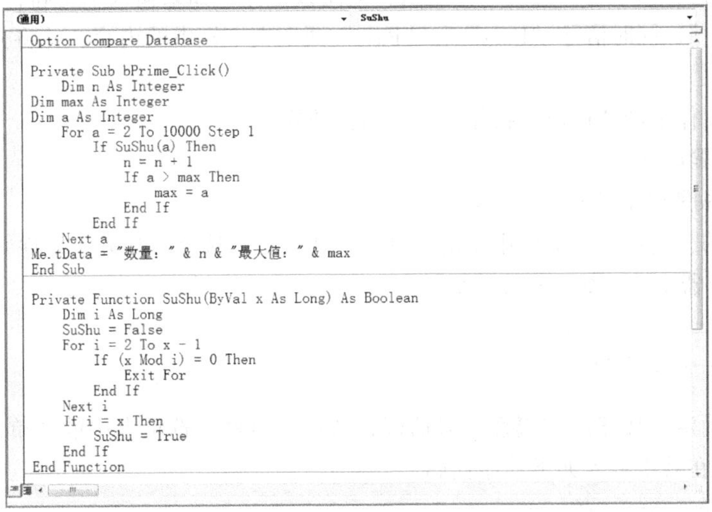

图 7.27　计算 10000 以内的素数个数及最大素数

③ 切换到窗体视图，单击"输出素数个数及最大值"按钮，查看运行结果。

【案例 7.26】在 fPrint 窗体加载时，将窗体背景图片设置为"实验数据库"文件夹下的 Tulips.jpg，并将窗体标题设置为"××××年度报表输出"，其中，××××年度由函数获取。

① 以设计视图打开"fPrint"窗体。

② 在打开的"属性"对话框中单击"事件"选项卡，选择"加载"事件并打开 VBE 编辑器。在 VBE 编辑器中输入如下程序代码。

```
Private Sub Form_Load()
   Form.Picture="D:\实验数据库\Tulips.jpg"
   Me.Caption=Year(Date) & "年度报表输出"
End Sub
```

设置完成的 VBE 编辑窗口如图 7.28 所示。

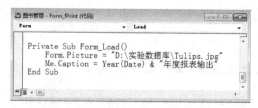

图 7.28　设置 "fPrint" 窗体背景及标题

③ 切换到窗体视图，查看运行结果。

【案例 7.27】编写事件代码，完成以下功能：

在 "fSys" 窗体中有 "用户名称" 和 "用户密码" 两个文本框，名称分别为 "User" 和 "Pass"，还有 "确定" 和 "退出" 两个按钮，名称分别为 "Enter" 和 "Quit"。

① 在窗体加载时，"Pass" 文本框内容以密码形式显示。

② 在 "User" 和 "Pass" 两个文本框中输入用户名称和用户密码后，单击 "确定" 按钮，程序将判断输入的值是否正确，如果输入的用户名称为 "sgub"，用户密码为 "3456"，则显示提示框，提示框标题为 "欢迎"，显示内容为 "密码输入正确，欢迎进入系统!"，提示框中只有一个 "确定" 按钮，当单击 "确定" 按钮后，关闭该窗体；如果输入不正确，则提示框显示内容为 "密码错误!"，同时清除 "User" 和 "Pass" 两个文本框中的内容，并将光标置于 "User" 文本框中。

③ 当单击窗体上的 "退出" 按钮后，关闭当前窗体。

具体操作步骤如下：

① 以设计视图打开 "fSys" 窗体。

② 在打开的 "属性" 对话框中单击 "事件" 选项卡，选择 "加载" 事件并打开 VBE 编辑器。在 VBE 编辑器中输入如下程序代码。

```
Private Sub Form_Load()
    Me.Pass.InputMask="password"
End Sub
```

③ 打开 "确定" 按钮的 "属性" 对话框，选择 "事件" 选项卡中的 "单击" 事件，打开 VBE 编辑器，并在其中输入如下程序代码。

```
Private Sub Enter_Click()
    Dim name As String, pass As String
    name=Nz(Me!User)
    pass=Nz(Me!Pass)
    If name="sgub" And pass="3456" Then
        MsgBox "密码输入正确，欢迎进入系统! ", vbOKOnly+vbCritical, "欢迎"
        'DoCmd.Close
    Else
        MsgBox "密码错误! ", vbOKOnly
        Me!User=""
        Me!Pass=""
        Me!User.SetFocus
    End If
End Sub
```

④ 打开"退出"按钮的属性对话框，选择"事件"选项卡中的"单击"事件，打开 VBE 编辑器并在其中输入如下程序代码。

```
Private Sub Quit_Click()
    DoCmd.Close
End Sub
```

设置完成的 VBE 编辑窗口如图 7.29 所示。

图 7.29   fSys 窗体及按钮事件过程代码

⑤ 切换到窗体视图，在"用户名称"和"用户密码"文本框中输入相应的值。单击"确定"按钮，查看运行结果。

【案例 7.28】在"fEmp"窗体上单击"输出 1+2+3+⋯+n<=30000 的最大 n 值"命令按钮（名为 btnP），实现以下功能：计算满足表达式 1+2+3+⋯+n<=30000 的最大 n 值，将 n 的值显示在窗体上名为 dData 的文本框内。

① 以设计视图打开"fEmp"窗体。

② 打开"输出 1+2+3+⋯+n<=30000 的最大 n 值"按钮的"属性"对话框，选择"事件"选项卡中的"单击"事件，打开 VBE 编辑器，并在其中输入如下程序代码。

```
Private Sub bTnp_Click()
    Dim n As Integer
    Dim sum As Integer
    sum=0
    n=0
    Do While sum<=30000
      n=n+1
      sum=sum+n
    Loop
    n=n-1
    Me!dData=n
End Sub
```

设置完成的 VBE 编辑窗口如图 7.30 所示。

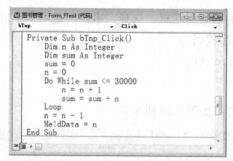

图 7.30　输出 1+2+3+…+n<=30000 的最大 n 值

③ 切换到窗体视图，单击"输出 1+2+3+…+n<=30000 的最大 n 值"按钮，查看运行结果。

三、实验思考

1. VBA 中的数据类型有哪些？
2. 输入框和消息框的返回值类型是什么？
3. 顺序结构、选择结构执行过程的特点是什么？
4. 循环结构通过什么来控制循环语句的执行次数？
5. 理解多层循环的执行过程以及结束条件。
6. 过程调用中参数传递的方式有哪两种，各自的特点是什么？
7. 理解窗体、报表和控件的事件过程原理。

实验 ⑧

一、实验目的

1. 理解数据库引擎的概念。
2. 了解 DAO 对象模型及访问数据库的方法。
3. 熟悉和掌握 ADO 对象模型及访问数据库的方法。
4. 熟悉和掌握 ADO 操作数据库的各种对象方法。
5. 熟悉和掌握操作数据库的各种函数。

二、实验内容

1. 利用 DAO 进行数据库访问

【案例 8.1】编写子过程用 DAO 完成对"图书管理.accdb"文件中"图书"表的图书定价都加 10 的操作，假设文件存放在 D 盘"实验数据库"文件夹中。

① 启动 Access 2010，单击"创建"选项卡"宏与代码"组中的"模块"按钮，打开 VBE 编辑环境。

② 在打开的 VBE 编辑环境的代码窗口中输入如下程序代码。

```
Sub SetPriceUpdate1()                     '定义 DAO 对象变量
    Dim ws As DAO.Workspace               '定义工作区对象变量 ws
    Dim db As DAO.Database                '定义数据库对象变量 db
    Dim rs As DAO.Recordset               '定义记录集对象变量 rs
    Dim fd As DAO.Field                   '定义字段对象变量 fd
    Set ws=DBEngine.Workspaces(0)                          '打开 0 号工作区
    Set db=ws.OpenDatabase("D:\实验数据库\教图书管理.accdb")   '打开数据库
    Set rs=db.OpenRecordset("图书")       '返回"图书"表记录集
    Set fd=rs.Fields("定价")              '设置字段变量 fd 的值为"定价"字段的数据
    '对记录集使用循环结构进行遍历
    Do While Not rs.EOF
        rs.Edit
        fd=fd+10
        rs.Update
        rs.MoveNext
    Loop
    '关闭并回收对象变量所占用内存空间
    rs.Close
```

```
    db.Close
    Set rs=Nothing
    Set db=Nothing
End Sub
```

设置完成的 VBE 编辑窗口如图 8.1 所示。

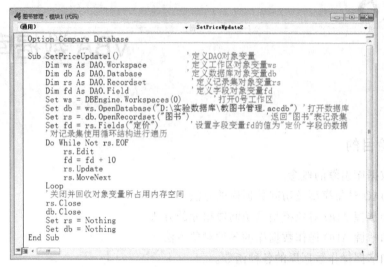

图 8.1 DAO 修改图书定价程序代码设置

③ 运行该过程，查看程序运行结果。

程序运行前图书表中定价字段值如图 8.2 所示。

图书编号	图书名称	作者	定价	出版社名称	出版日期
g0001	管理学	芮明杰	¥38.50	高等教育出版社	2009/(
g0002	应急管理概论：理论	闪淳昌，薛澜	¥48.00	高等教育出版社	2012/9
g0003	市场营销案例分析	林祖华，殷博益	¥33.00	高等教育出版社	2012/3
g0004	管理信息系统	刘仲英	¥42.60	高等教育出版社	2012/7
g0005	企业管理学	杨善林	¥38.00	高等教育出版社	2009/9
g0006	设计管理基础	陈汗青，邵宏	¥40.00	高等教育出版社	2011/1(
g0007	客户关系管理	汤兵勇，雷轶	¥25.90	高等教育出版社	2013/1
g0008	人力资源管理	陈维政，余凯成	¥39.80	高等教育出版社	2011/3
g0009	企业物流管理	周海英	¥25.00	科学出版社	2007/9
g0010	管理学	张明玉	¥59.00	科学出版社	2005/5
g0011	工商管理案例研究方	苏敬勤，崔淼	¥35.00	科学出版社	2011/3
g0012	管理思想史	刘筱红	¥32.00	科学出版社	2012/1(
g0013	可持续发展管理	王伟中	¥45.00	科学出版社	2006/12
g0014	企业高层管理信息系	王锁柱	¥28.00	科学出版社	2004/1

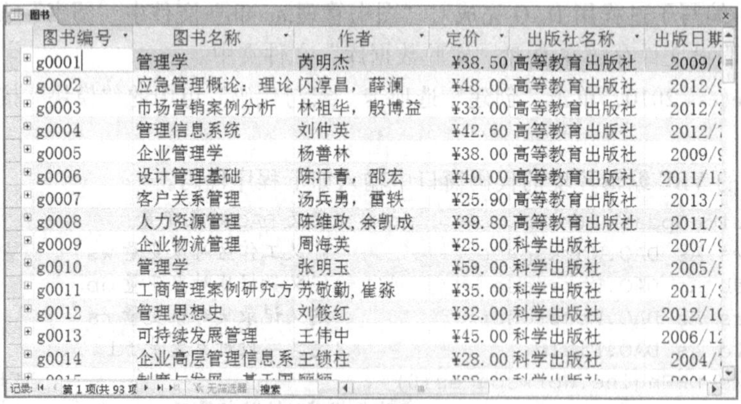

图 8.2 程序运行前的“图书”表“定价”字段

程序运行后图书表中定价字段值如图 8.3 所示。

2. 利用 ADO 进行数据库访问

【案例 8.2】编写子过程用 ADO 完成对“图书管理.accdb”文件中“图书”表的图书定价都加 10 的操作，假设文件存放在 D 盘“实验数据库”文件夹中。

① 启动 Access 2010，单击“创建”选项卡“宏与代码”组中的“模块”按钮，打开 VBE 编辑环境。

② 在打开的 VBE 编辑环境的代码窗口中输入如下程序代码。

```
Sub SetPriceUpdate2()
```

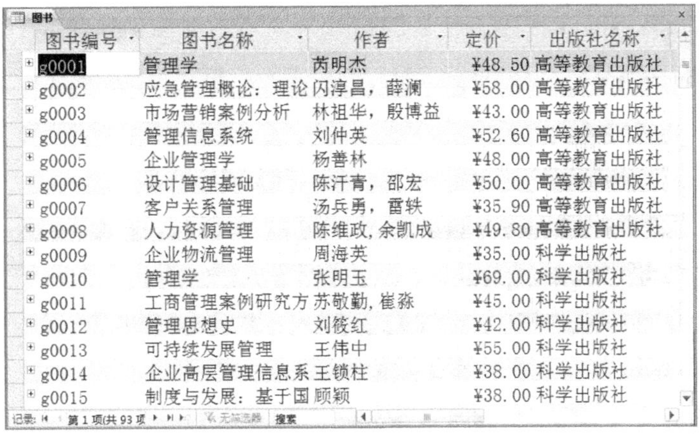

图书编号	图书名称	作者	定价	出版社名称
g0001	管理学	芮明杰	¥48.50	高等教育出版社
g0002	应急管理概论：理论	闪淳昌，薛澜	¥58.00	高等教育出版社
g0003	市场营销案例分析	林祖华，殷博益	¥43.00	高等教育出版社
g0004	管理信息系统	刘仲英	¥52.60	高等教育出版社
g0005	企业管理学	杨善林	¥48.00	高等教育出版社
g0006	设计管理基础	陈汗青，邵宏	¥50.00	高等教育出版社
g0007	客户关系管理	汤兵勇，雷轶	¥35.90	高等教育出版社
g0008	人力资源管理	陈维政，余凯成	¥49.80	高等教育出版社
g0009	企业物流管理	周海英	¥35.00	科学出版社
g0010	管理学	张明玉	¥69.00	科学出版社
g0011	工商管理案例研究方	苏敬勤，崔淼	¥45.00	科学出版社
g0012	管理思想史	刘筱红	¥42.00	科学出版社
g0013	可持续发展管理	王伟中	¥55.00	科学出版社
g0014	企业高层管理信息系	王锁柱	¥38.00	科学出版社
g0015	制度与发展：基于国	顾颖	¥38.00	科学出版社

图 8.3 程序运行后的“图书”表“定价”字段

```
    '创建或定义 ADO 对象变量
    Dim cn As New ADODB.Connection          '定义连接对象变量 cn
    Dim rs As New ADODB.Recordset           '定义记录集对象变量 rs
    Dim fd As ADODB.Field                   '定义字段对象变量 fd
    Dim strConnect As String                '定义连接字符串变量 strConnect
    Dim strSQL As String                    '查询字符串变量 strSQL
    strConnect="D:\实验数据库\图书管理.accdb"
                            '设置连接字符串变量值为“图书管理”数据库存储路径
    cn.Provider="Microsoft.ACE.OLEDB.12.0       '设置 OLE DB 数据提供者
    cn.Open strConnect                          '打开与数据源的连接
    strSQL="Select 定价 from 图书"     '设置字符串变量值为 Select 查询语句
    rs.Open strSQL,cn,adOpenDynamic,adLockOpetimistic,adCmdText   '打开记录集
    Set fd=rs.Fields("定价")           '设置字段对象变量 fd 的值为“定价”字段数据
    '对记录集是用循环结构进行遍历
    Do While Not rs.EOF
        fd=fd +1                       '年龄字段值加 10
        rs.Update                      '更新记录集，保存定价值
        rs.MoveNext                    '读取下一条记录
    Loop
    '关闭并回收对象变量所占用内存空间
    rs.Close
    cn.Close
    Set rs=Nothing
    Set cn=Nothing
End Sub
```

设置完成的 VBE 编辑窗口如图 8.4 所示。

③ 运行该过程，查看程序运行结果，见图 8.3。

【案例 8.3】在“fTmp”窗体上单击“输出”命令按钮（名为“bTp”），实现以下功能：

查找表对象“图书”中高等教育出版社图书最高定价，将其输出显示在控件 tData1 内；统计定价在 30 元以下（不含 30）图书的数量，将其输出显示在控件 tData2 内。

① 以设计视图打开“fTmp”窗体。

② 打开“输出”按钮的“属性”对话框，选择“事件”选项卡中的“单击”事件，打开

VBE 编辑器，并在其中输入如下程序代码。

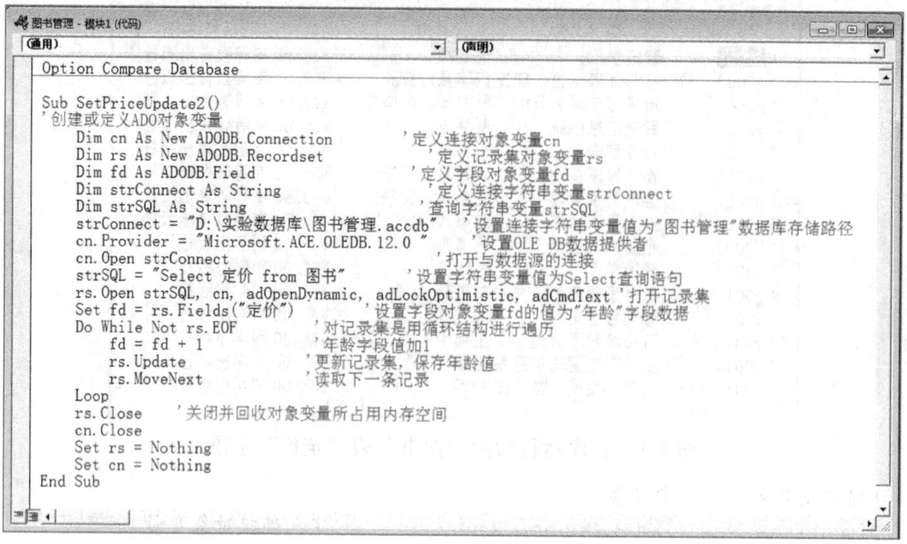

图 8.4　ADO 修改图书定价程序代码设置

```
Private Sub bTp_Click()
    Dim k As Integer
    Dim PriceMax As Currency
    Dim cn As New ADODB.Connection
    Dim rs As New ADODB.Recordset
    Dim strSQL As String
    Set cn=CurrentProject.Connection
    strSQL="Select 定价,出版社名称 from 图书 where 出版社名称='高等教育出版社'"
    rs.Open strSQL, cn, adOpenDynamic, adLockOptimistic
    PriceMax=0: k=0
    '查找图书表中高等教育出版社图书最高定价并统计定价在 30 以下的图书数量
    Do While Not rs.EOF
        If rs.Fields("定价")>PriceMax Then
            PriceMax=rs.Fields("定价")
        End If
        If rs.Fields("定价")<30 Then
            k=k+1
        End If
    rs.MoveNext
    Loop
    Me!tData1=PriceMax
    Me!tData2=k
End Sub
```

设置完成的 VBE 编辑窗口如图 8.5 所示。

③ 切换到窗体视图，单击"输出"按钮，查看运行结果。

【案例 8.4】打开"fTmp"窗体，单击"计算"按钮（名为 bNp），事件过程使用 ADO 数据库技术计算出表对象"图书"中科学出版社图书的平均定价，然后将结果显示在窗体的文本框"tAprice"。

① 以设计视图打开"fTmp"窗体。

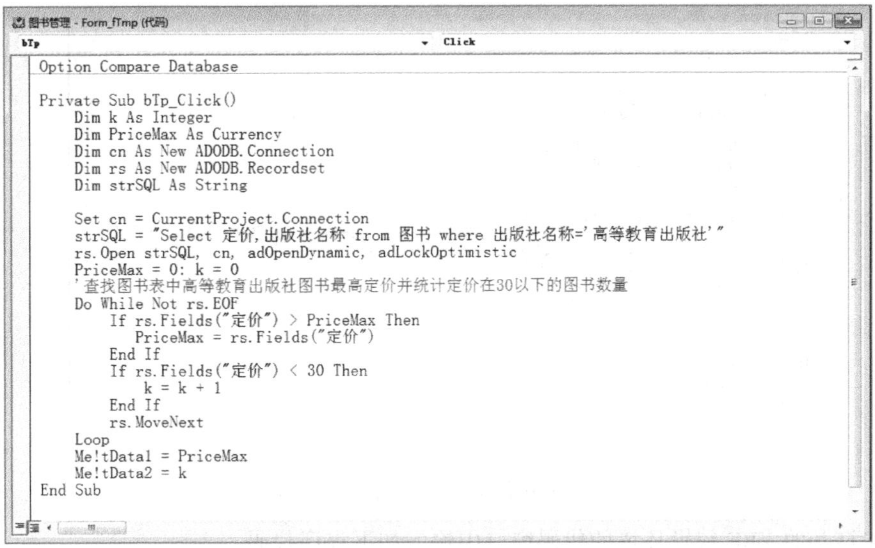

图 8.5　查找高等教育出版社图书最高定价并统计定价在 30 以下的图书数量

② 打开"计算"按钮的"属性"对话框，选择"事件"选项卡中的"单击"事件，打开 VBE 编辑器，并在其中输入如下程序代码。

```
Private Sub bNp_Click()
    Dim n As Integer
    Dim sum As Currency
    Dim cn As New ADODB.Connection
    Dim rs As New ADODB.Recordset
    Dim fd As ADODB.Field
    Dim strSQL As String
    Set cn=CurrentProject.Connection
    strSQL="Select 定价,出版社名称 from 图书 where 出版社名称='科学出版社'"
    rs.Open strSQL, cn, adOpenDynamic, adLockOptimistic
    Set fd=rs.Fields("定价")
    sum=0: n=0
    '查找科学出版社图书的平均定价
    Do While Not rs.EOF
        sum=sum+fd
        n=n+1
        rs.MoveNext
    Loop
    Me!tAprice=sum/n
End Sub
```

设置完成的 VBE 编辑窗口如图 8.6 所示。

③ 切换到窗体视图，单击"计算"按钮，查看运行结果。

【案例 8.5】编写事件过程代码，运行该过程后，在消息框上显示"读者"表中第一位读者的读者编号和读者姓名。

① 启动 Access 2010，单击"创建"选项卡"宏与代码"组中的"模块"按钮，打开 VBE

编辑环境。

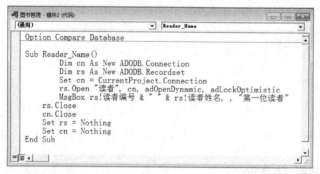

图 8.6　查找科学出版社图书的平均定价

② 在打开的 VBE 编辑环境的代码窗口中输入如下程序代码。

```
Sub Reader_Name()
    Dim cn As New ADODB.Connection
    Dim rs As New ADODB.Recordset
    Set cn=CurrentProject.Connection
    rs.Open "读者", cn, adOpenDynamic, adLockOptimistic
    MsgBox rs!读者编号 & " " & rs!读者姓名,,"第一位读者"
    rs.Close
    cn.Close
    Set rs=Nothing
    Set cn=Nothing
End Sub
```

设置完成的 VBE 编辑窗口如图 8.7 所示。

③ 运行该过程，查看程序运行结果，如图 8.8 所示。

图 8.7　ADO 显示读者表中第一位读者信息　　　　图 8.8　第一位读者信息

【案例 8.6】使用 ADO 数据库技术在"图书管理"数据库中查询"读者"表中第一条姓李的记录，并将其显示在立即窗口中。

① 启动 Access 2010，单击"创建"选项卡"宏与代码"组中的"模块"按钮，打开 VBE 编辑环境。

② 在打开的 VBE 编辑环境的代码窗口中输入如下程序代码。

```
Sub Query()
    Dim n As Integer
    Dim cn As New ADODB.Connection
    Dim rs As New ADODB.Recordset
    Set cn=CurrentProject.Connection
    rs.Open "读者", cn, adOpenDynamic, adLockOptimistic, adCmdTableDirect
    rs.Find "读者姓名 Like '李*'"
    Debug.Print rs("读者编号"), rs("读者姓名"), rs("性别")
    rs.Close
    Set rs=Nothing
End Sub
```

③ 运行该过程，查看程序运行结果，如图 8.9 所示。

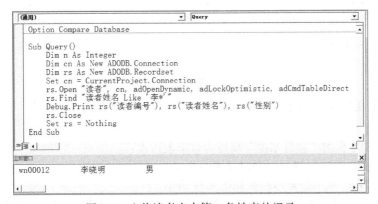

图 8.9　查找读者表中第一条姓李的记录

【案例 8.7】使用 ADO 数据库技术在"图书管理"数据库中查询"读者"表中所有姓李的记录，并将其显示在立即窗口中。

① 启动 Access 2010，单击"创建"选项卡"宏与代码"组中的"模块"按钮，打开 VBE 编辑环境。

② 在打开的 VBE 编辑环境的代码窗口中输入如下程序代码。

```
Sub fQuery()
    Dim cn As New ADODB.Connection
    Dim rs As New ADODB.Recordset
    Set cn=CurrentProject.Connection
    rs.Open "读者", cn, adOpenDynamic, adLockOptimistic, adCmdTableDirect
    Do While Not rs.EOF
      If Left(rs.Fields("读者姓名"), 1)="李" Then
        Debug.Print rs("读者编号"), rs("读者姓名"), rs("性别")
      End If
      rs.MoveNext
    Loop
    rs.Close
    cn.Close
    Set rs=Nothing
    Set cn=Nothing
```

```
End Sub
```
③ 运行该过程，查看程序运行结果，如图 8.10 所示。

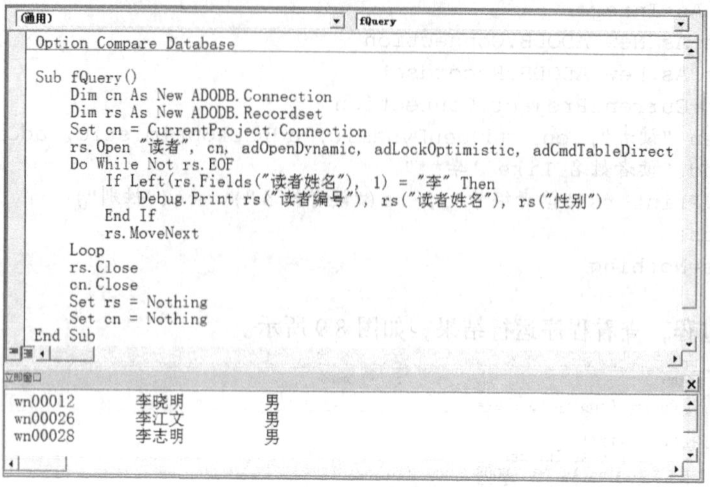

```
(通用)                                    ▼  fQuery                          ▼
    Option Compare Database

Sub fQuery()
    Dim cn As New ADODB.Connection
    Dim rs As New ADODB.Recordset
    Set cn = CurrentProject.Connection
    rs.Open "读者", cn, adOpenDynamic, adLockOptimistic, adCmdTableDirect
    Do While Not rs.EOF
        If Left(rs.Fields("读者姓名"), 1) = "李" Then
            Debug.Print rs("读者编号"), rs("读者姓名"), rs("性别")
        End If
        rs.MoveNext
    Loop
    rs.Close
    cn.Close
    Set rs = Nothing
    Set cn = Nothing
End Sub

立即窗口                                                              ×
wn00012        李晓明              男
wn00026        李江文              男
wn00028        李志明              男
```

图 8.10 查找读者表中所有姓李读者的记录

【**案例 8.8**】在窗体 "Temp" 中的文本框（名称为 Text1）中显示 "图书" 表中 "管理" 类图书的数量。

设置 Text1 文本框的 "控件来源" 属性为以下表达式：

`=DCount("图书编号","图书","图书类别='管理'")`

打开窗体，Text1 文本框显示结果如图 8.11 所示。

【**案例 8.9**】在窗体 "Temp" 中的文本框（名称为 Text2）中显示 "图书" 表中图书定价的平均值。

设置 Text2 文本框的 "控件来源" 属性为以下表达式：

`=DAvg("定价","图书")`

打开窗体，Text2 文本框显示结果如图 8.11 所示。

【**案例 8.10**】在窗体 "Temp" 中的文本框（名称为 Text3）中显示 "图书" 表中图书定价的总和。

设置 Text3 文本框的 "控件来源" 属性为以下表达式：

`=DSum("定价","图书")`

打开窗体，Text3 文本框显示结果如图 8.11 所示。

【**案例 8.11**】在窗体 "Temp" 中的文本框（名称为 Text4）中显示 "图书" 表中 "管理" 类图书的最高定价。

设置 Text4 文本框的 "控件来源" 属性为以下表达式：

`=DMax("定价","图书", "图书类别='管理'")`

打开窗体，Text4 文本框显示结果如图 8.11 所示。

【**案例 8.12**】在窗体 "Temp" 中的文本框（名称为 Text5）中显示 "图书" 表中 "管理" 类图书的最低定价。

设置 Text5 文本框的 "控件来源" 属性为以下表达式：

`=DMin("定价","图书", "图书类别='管理'")`

打开窗体，Text5 文本框显示结果如图 8.11 所示。

【**案例 8.13**】根据"Temp"窗体上文本框控件（名为 BookNum）中输入的课程编号，将"课程"表中对应的课程名称显示在另一个文本框控件（名为 BookName）中。事件过程代码如下：

```
Private Sub BookNum_AfterUpdate()
    Me!BookName.value=DLookup("图书名称","图书","图书编号='" & Me!BookNum.
value & "'")
End Sub
```

在 BookNum 本文框中输入图书编号"g0001"，在 BookName 文本框中显示对应的课程名称，如图 8.12 所示。

图 8.11　Temp 窗体上各文本框显示的图书相关信息　图 8.12　根据输入的图书编号显示对应的图书名称

三、实验思考

1. ADO 对象模型中常用的对象有哪些，其功能是什么？
2. 使用 ADO 对象编程的一般步骤是什么？
3. 使用 ADO 可以对数据库中的数据执行哪些操作？
4. 数据库访问和处理时可以使用的特殊域聚合函数有哪些？

第二部分
设计性实验

本部分通过对一个小型数据库应用系统（商品管理系统）设计与实现过程的分析，帮助读者掌握在 Access 2010 平台下开发数据库应用系统的一般设计与实现步骤，对读者进行系统开发能起到示范和参考作用。

実验 **9**

商品管理系统

本实验项目的目的是通过 Access 2010 建立一个简单的商品管理系统，帮助我们实现商品的进销存管理。本系统要求可以录入和保存商品、供应商、员工等基本信息，完成商品的进货、销售、退货等日常操作，通过对日常操作的查询，掌握商品销售情况，此外还需要加入账户管理功能，以提高系统的安全性。

9.1 系统需求分析

根据系统功能要求，本商品管理系统分为 3 个功能模块：销售管理模块、进货管理模块、系统管理模块。各模块应该具备的功能如下。

1. 销售管理
① 实现商品的销售，包括售货、退货（消费者退货）、打印购物单和退货单。
② 实现个人信息的查询与修改，包括查询个人信息、修改个人信息。
③ 实现销售相关的信息查询，包括商品信息的查询、销售业绩查询、退货查询等功能。

2. 进货管理
① 实现商品的采购，包括进货、退货（向供应商退货）、打印进货单和退货单。
② 实现对供货商的管理，包括查询供应商信息，供货商增加、删除、修改功能。
③ 实现个人信息的查询与修改，包括查询个人信息、修改个人信息。
④ 实现进货相关信息的查询，包括进货信息查询、退货信息查询。

3. 系统管理
① 调整商品售价。
② 实现对员工的管理，包括查询员工信息，员工的增加、删除、修改功能。
③ 信息查询，包括商品信息的查询、员工销售业绩查询和销售退货查询、进货信息查询和采购退货信息查询、供应商信息查询。
④ 打印报表：营业额日报表、进货信息月报表、退货信息月报表、盈利月报表。

9.2 系统功能设计

根据系统功能要求，本商品管理系统面向的用户有 3 种角色：销售员、采购员、管理员。

由销售员进行商品销售管理操作，由采购员进行进货管理工作，由管理员进行系统管理操作。系统功能设计图如图 9.1 所示。

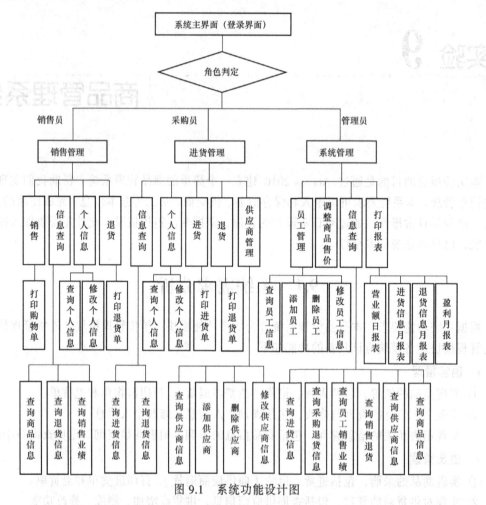

图 9.1　系统功能设计图

9.3　数据库设计

根据以上分析过程和规范化的设计理念，需要在数据库中设计"用户信息表""商品信息表""供应商信息表""分类信息表""进货信息表""采购退货信息表""销售信息表""销售退货信息表" 8 个表，用来存放相关信息数据。

① 用户信息表：用于存储员工信息，表中各字段功能定义如表 9.1 所示。

表 9.1　用户信息表

字段名	字段类型	字段大小	是否主键	说　　　　明	必需
员工编号	文本	6	是	员工账号（ygxxxx）	是
姓名	文本	8			是
员工身份	文本	6		员工身份（管理员、销售员、采购员）	是

续表

字段名	字段类型	字段大小	是否主键	说　明	必需
性别	文本	1		只能为"男"或"女"，默认值为"男"	是
联系方式	文本	11		必须为 11 位数字	是
身份证号	文本	18		必须为 18 位，前 17 位为数字，最后一位可以为数字也可以为字母	是
住址	文本				
密码	文本	20		员工密码（8～20 位）	是

② 分类信息表：用于存储商品类别信息，表中各字段功能定义如表 9.2 所示。

表 9.2　类别信息表

字段名	字段类型	字段大小	是否主键	说　明	必需
类别编号	文本	6	是	类别编号（lbxxxx）	是
类别名称	文本	20			是

③ 商品信息表：用于存储商品信息，表中各字段功能定义如表 9.3 所示。

表 9.3　商品信息表

字段名	字段类型	字段大小	是否主键	说　明	必需
商品编号	文本	6	是	商品编号（spxxxx）	是
商品名称	文本	20			是
商品类别	文本	6		类别编号（lbxxxx）	是
商品单位	文本	4			是
商品售价	货币			格式：货币，小数位数：2	是
商品数量	数字	单精度型		格式：标准，小数位数：2	是

④ 供应商信息表：用于供应商的相关信息，表中各字段功能定义如表 9.4 所示。

表 9.4　供应商信息表

字段名	字段类型	字段大小	是否主键	说　明	必需
供应商编号	文本	6	是	供应商编号（gyxxxx）	是
供应商名称	文本	20			是
联系人	文本	20			是
联系电话	文本	11		必须为 11 位数字	是
地址	文本				

⑤ 进货信息表：用于记录采购员进货信息，表中各字段功能定义如表 9.5 所示。

表 9.5　进货信息表

字段名	字段类型	字段大小	是否主键	说　明	必需
进货编号	文本	6	是	进货编号（jhxxxx）	是
商品编号	文本	6	是	商品编号（spxxxx）	是

续表

字段名	字段类型	字段大小	是否主键	说　明	必需
进货单价	货币			格式：货币，小数位数：2	是
进货数量	数字	单精度型		格式：标准，小数位数：2	是
供应商编号	文本	6		供应商编号（gyxxxx）	是
进货日期	日期/时间			格式：短日期，默认值为系统日期	是
采购员	文本	6		员工账号（ygxxxx）	是

⑥ 采购退货信息表：用于记录采购员退货信息，表中各字段功能定义如表 9.6 所示。

表 9.6　采购退货信息表

字段名	字段类型	字段大小	是否主键	说　明	必需
采购退货编号	文本	8	是	采购退货编号（cgthxxxx）	是
进货编号	文本	6	是	进货编号（jhxxxx）	是
商品编号	文本	6	是	商品编号（spxxxx）	是
退货数量	数字	单精度型		格式：标准，小数位数：2	是
退货日期	日期/时间			格式：短日期，默认值为系统日期	是
供应商编号	文本	6		供应商编号（gyxxxx）	是
采购员	文本	6		员工账号（ygxxxx）	是

⑦ 销售信息表：用于记录销售员销售信息，表中各字段功能定义如表 9.7 所示。

表 9.7　销售信息表

字段名	字段类型	字段大小	是否主键	说　明	必需
售货编号	文本	6	是	售货编号（xsxxxx）	是
商品编号	文本	6	是	商品编号（spxxxx）	是
售货数量	数字	单精度型		格式：标准，小数位数：2	是
售货时间	日期/时间			格式：常规日期，默认值为系统日期时间	是
销售员	文本	6		员工账号（ygxxxx）	是

⑧ 销售退货信息表：用于记录销售员退货信息，表中各字段功能定义如表 9.8 所示。

表 9.8　销售退货信息表

字段名	字段类型	字段大小	是否主键	说　明	必需
销售退货编号	文本	8	是	销售退货编号（xsthxxxx）	是
售货编号	文本	6	是	售货编号（xsxxxx）	是
商品编号	文本	6	是	商品编号（spxxxx）	是
退货数量	数字	单精度型		格式：标准，小数位数：2	是
退货时间	日期/时间			格式：常规日期，默认值为系统日期时间	是
销售员	文本	6		员工账号（ygxxxx）	是

9.4　创建数据库和表

根据图 9.1 的设计，在 Access 2010 中创建数据库，并将其命名为"商品管理系统"；然后在数据库中创建表 9.1～表 9.8 所示的 8 个表，设置表主键；建立表之间的关系；设置字段属性；向表中输入数据。

9.4.1　创建数据库

创建一个"商品管理系统"数据库。

① 打开 Access 2010，选择"文件"选项卡中的"新建"命令。

② 在"可用模板"区域选择"空数据库"选项，在右侧的"文件名"文本框中输入"商品管理系统"，单击右侧的"浏览"按钮，弹出"文件新建数据库"对话框，设置"商品管理系统"数据库文件的存储位置，单击"确定"按钮，返回到 Access 2010 窗口。

③ 单击 Access 2010 窗口右下角的"创建"按钮，完成"商品管理系统"数据库的创建，如图 9.2 所示。

图 9.2　创建"商品管理系统"数据库

9.4.2　表的创建

打开已经创建好的"商品管理系统"数据库，依据表 9.1 至表 9.8 所示的表结构，利用表的"设计视图"创建各表，并设置各表的主键。

9.4.3　关系的建立

在"商品管理系统"数据库中将表创建完成后，接下来根据 8 张表的主键和外键来建立表间的关系。其中："类别信息表"中的"类别编号"和"商品信息表"中的"商品类别"间存在一对多的联系；"商品信息表"中的"商品编号"和"进货信息表"中的"商品编号"间存在一对多的联系；"商品信息表"中的"商品编号"和"采购退货信息表"中的"商品编号"间存在一对多的联系；"商品信息表"中的"商品编号"和"销售信息表"中的"商品编号"间存在一对多的联系；"商品信息表"中的"商品编号"和"销售退货信息表"中的"商品编号"间存在一对多的联系；"供应商信息表"中的"供应商编号"和"进货信息表"中的"供应商编号"间存在一对多的联系；"供应商信息表"中的"供应商编号"和"采购退货信息表"中的"供应商编号"间存在一对多的联系；"用户信息表"中的"员工编号"和"采购退货信息表"中的"采购员"间存在一对多的联系；"用户信息表"中的"员工编号"和"销售信息表"中的"销售员"间存在一对多的联系；"用户信息表"中的"员工编号"和"销售退货信息表"中的"销售员"间存在一对多的联系。各表之间的关系如图 9.3 所示。

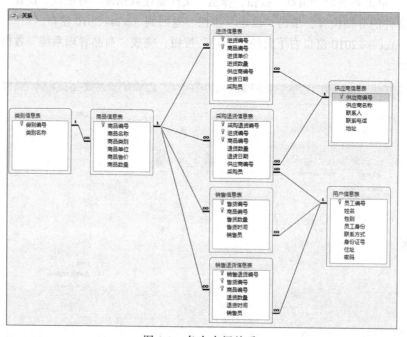

图 9.3　各个表间关系

9.4.4　字段属性设置

按照表 9.1～表 9.8 要求设置 8 个表中各字段的字段属性，包括字段大小、格式、输入掩码、默认值、有效性规则、有效性文本、必需等。

9.4.5　输入数据

表 9.9～表 9.16 给出了数据库中的部分数据，可参考这 8 张表向数据库的表中输入数据。

表 9.9　商品信息表

商品编号	商品名称	商品类别	商品单位	商品售价	商品数量
sp0001	电冰箱	lb0004	台	1 500.00	87

续表

商品编号	商品名称	商品类别	商品单位	商品售价	商品数量
sp0002	电冰箱	lb0004	台	3 100.00	39
sp0003	电视机	lb0004	台	5 600.00	187
sp0004	电视机	lb0004	台	12 000.00	185
sp0005	洗衣机	lb0004	台	1 200.00	118
sp0006	洗衣机	lb0004	台	2 400.00	90
sp0007	音响	lb0004	台	3 100.00	474
sp0008	音响	lb0004	台	1 500.00	67
sp0009	圆珠笔	lb0003	支	1.00	196
sp0010	打印纸	lb0003	盒	15.00	93
sp0011	苹果	lb0001	斤	3.00	80
sp0012	香蕉	lb0001	斤	7.00	96
sp0013	篮球	lb0002	个	100.00	53
sp0014	足球	lb0002	个	98.00	63
sp0015	矿泉水	lb0005	瓶	1.00	353
sp0016	百事可乐	lb0005	瓶	3.50	490
sp0017	雪碧	lb0005	瓶	3.00	118
sp0018	西瓜	lb0001	斤	2.00	69

表 9.10 用户信息表

员工编号	姓名	性别	员工身份	联系方式	身份证号	住址	密码
yg0000	admin	男	管理员	158435978××	××6789199707074647	五一大道 91 号	admin123
yg0001	姜扬	男	采购员	133789456××	××8796199801126342	湘府大道 88 号	12345678
yg0002	李晓悦	女	销售员	135789456××	××543119811119232X	芙蓉中路 114 号	xiaoshou
yg0003	李依婷	女	销售员	131178963××	××9153197805235883	檀溪中路 100 号	x787878x
yg0004	杨坤坤	女	销售员	136784592××	××654219901207634X	芙蓉南路 53 号	yk456456
yg0005	赵正会	男	采购员	159768452××	××9425198710306789	新华东路 8 号	caigou01

表 9.11 类别信息表

类 别 编 号	类 别 名 称
lb0001	水果
lb0002	体育用品
lb0003	文具
lb0004	电器
lb0005	饮料

表 9.12   供应商信息表

供应商编号	供应商名称	联系人	联系电话	地　　址
gy0001	雷顿公司	赵钰汇	027827645××	芙蓉中路 114 号
gy0002	韵畅公司	张永鹏	071035490××	芙蓉南路 53 号
gy0003	华美达公司	梁宝胜	135888095××	五一大道 91 号
gy0004	通泰公司	文晓颖	159854673××	湘府大道 88 号

表 9.13   进货信息表

进货编号	商品编号	进货单价	进货数量	供应商编号	进货日期	采购员
jh0001	sp0001	1,050.00	67	gy0003	2012-12-9	yg0001
jh0001	sp0011	2.10	80	gy0001	2012-12-9	yg0005
jh0002	sp0002	2,170.00	39	gy0003	2013-1-11	yg0005
jh0002	sp0010	10.50	123	gy0002	2013-1-11	yg0001
jh0003	sp0003	3,920.00	187	gy0003	2013-2-14	yg0005
jh0003	sp0012	4.90	96	gy0002	2013-2-14	yg0001
jh0003	sp0015	0.70	400	gy0002	2013-2-14	yg0001
jh0004	sp0004	8,400.00	187	gy0003	2013-3-1	yg0001
jh0004	sp0013	70.00	53	gy0004	2013-3-1	yg0005
jh0005	sp0005	840.00	120	gy0001	2013-3-29	yg0001
jh0005	sp0014	68.60	64	gy0001	2013-3-29	yg0005
jh0006	sp0006	1,680.00	90	gy0001	2013-4-21	yg0001
jh0007	sp0007	2,170.00	554	gy0002	2013-5-21	yg0005

表 9.14   采购退货信息表

采购退货编号	进货编号	商品编号	退货数量	退货日期	供应商编号	采购员
cgth0001	jh0002	sp0010	30	2013-3-11	gy0002	yg0001
cgth0002	jh0003	sp0015	40	2013-3-14	gy0002	yg0001
cgth0003	jh0007	sp0007	80	2013-6-21	gy0002	yg0005
cgth0003	jh0007	sp0016	120	2013-6-21	gy0002	yg0001
cgth0004	jh0009	sp0009	50	2013-6-30	gy0004	yg0005

表 9.15   销售信息表

售货编号	商品编号	售货数量	售货时间	销售员
sh0001	sp0001	1	2014-1-1　10:29:55	yg0002
sh0001	sp0015	5	2014-1-1　10:29:55	yg0002
sh0002	sp0004	1	2014-2-3　8:19:50	yg0003
sh0002	sp0018	10	2014-2-3　8:19:50	yg0003
sh0003	sp0005	1	2014-3-5　10:36:25	yg0004
sh0003	sp0017	2	2014-3-5　10:36:25	yg0004
sh0004	sp0009	10	2014-3-7　11:09:10	yg0002

续表

售货编号	商品编号	售货数量	售货时间	销售员
sh0004	sp0017	2	2014-3-7　11:09:10	yg0002
sh0005	sp0014	1	2014-5-9　10:49:55	yg0004
sh0005	sp0015	2	2014-5-9　10:49:55	yg0004
sh0005	sp0018	8	2014-5-9　10:49:55	yg0004
sh0006	sp0017	3	2014-5-12　16:08:30	yg0003
sh0006	sp0018	7	2014-5-12　16:08:30	yg0003
sh0007	sp0004	1	2014-5-14　17:29:23	yg0002
sh0007	sp0005	1	2014-5-14　17:29:23	yg0002
sh0008	sp0014	1	2014-5-16　20:46:55	yg0003

表 9.16　销售退货信息表

销售退货编号	售货编号	商品编号	退货数量	退货时间	销售员
xsth0001	sh0001	sp0001	1	2014-1-1　11:29:50	yg0002
xsth0002	sh0005	sp0018	8	2014-5-10　8:01:55	yg0004
xsth0003	sh0008	sp0014	1	2014-5-17　10:40:01	yg0003

9.5　详　细　设　计

通过创建查询、窗体设计、报表设计、宏和模块来具体实现各个模块的功能。

9.5.1　登录模块的详细设计

在"商品管理系统"数据库中，创建一个"登录"窗体，让用户输入账号、密码，对账号、密码进行验证，并根据账号身份类型打开不同的窗体。

① 创建"登录"窗体（2个文本框名称为text1、text2，将 text2 的"输入掩码"属性设置为"密码"），设置窗体属性：分隔线属性为否，记录选择器属性为否，导航按钮属性为否，弹出方式属性为是，自动居中属性为是，自动调整属性为是，"标题"属性为登录，保存窗体为"登录"。窗体设计视图如图 9.4 所示。

图 9.4　"登录"窗体

② 创建"登录验证"宏：宏设计视图如图 9.5 所示。

③ 设置"登录验证"命令按钮，单击事件属性为"登录验证"宏。

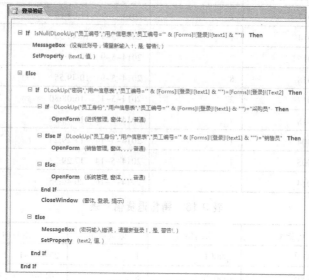

图 9.5 宏的设计

9.5.2 创建公用窗体

销售管理、进货管理、系统管理 3 个模块中有些操作对象是相同的，如：用户信息、商品信息、供应商信息、销售信息、销售退货信息、进货信息、采购退货信息等操作，可以采用同一个界面，被各模块共用。

1. 创建一个公用模块变量——用来存放登录员工编号

创建一个标准模块，定义一个公用变量 ygbh 用于存放当前登录员工的员工编号（见图 9.6），其值分别在销售管理、进货管理、系统管理窗体的加载事件中初始化。

2. 创建公用窗体的数据源——查询

① 采购进货查询：查询设计视图如图 9.7 所示。

图 9.6 定义公用模块变量

图 9.7 采购进货查询

② 采购退货查询：查询设计视图如图 9.8 所示。

③ 销售售货查询：查询设计视图如图 9.9 所示。

④ 销售退货查询：查询设计视图如图 9.10 所示。

图 9.8　采购退货查询

图 9.9　销售售货查询

3．创建窗体

（1）创建个人信息窗体

①"请输入员工编号："后的文本框名称属性为：Text48。设置窗体属性：分隔线属性为否，记录选择器为否，导航按钮为否。选择"数据"属性组，设置允许添加属性为否，设置窗体的"记录源"属性为用户信息表。调整所有控件大小、对齐方式、位置，如图 9.11 所示。保存窗体为"个人信息窗体"。

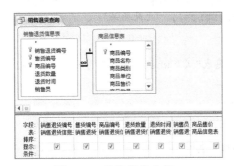

图 9.10　销售退货查询

图 9.11　个人信息窗体

② 设置"查询"命令按钮单击事件过程。

```
Private Sub Command15_Click()
    If (IsNull(DLookup("员工编号", "用户信息表", "员工编号='"& Text48 &"'"))) Then
        MsgBox "没有此员工，请重新输入! ", vbCritical, "无此员工"
        Text48=""
    Else
        Me.RecordSource="SELECT * FROM 用户信息表" & " where 员工编号='"&Text48 & "'"
    End If
End Sub
```

③ 设置"全部"命令按钮单击事件过程。

```
Private Sub Command16_Click()
    Me.RecordSource="SELECT * from 用户信息表"
    Text48=""
End Sub
```

（2）创建商品信息查询窗体

① "请输入商品编号:"后的文本框名称为：Text41。设置窗体属性：分隔线属性为否，记录选择器为否。选择"数据"属性组，设置允许添加属性为否，设置窗体的"记录源"为商品信息表。调整所有控件大小、对齐方式、位置，如图 9.12 所示。保存窗体为"商品信息查询窗体"。

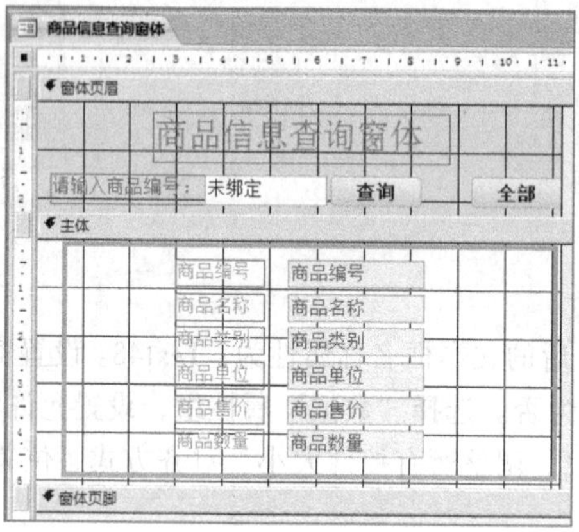

图 9.12 "商品信息查询窗体"的设计

② 设置"查询"命令按钮单击事件过程。

```
Private Sub Command15_Click()
    If(IsNull(DLookup("商品编号", "商品信息表", "商品编号='"& Text41 &"'"))) Then
        MsgBox "没有此商品，请重新输入! ", vbCritical, "无此商品"
        Text41=""
    Else
        Me.RecordSource="SELECT * FROM 商品信息表" & " where 商品编号='"&Text41 &"'"
    End If
End Sub
```

③ 设置"全部"命令按钮单击事件过程

```
Private Sub Command16_Click()
    Me.RecordSource="SELECT * FROM 商品信息表"
    Text41=""
End Sub
```

（3）创建销售业绩查询窗体

① "请输入起止日期:"后的文本框名称为：Text7；"—至—"后的文本框名称为：Text9。设置窗体属性：分隔线为否，记录选择器为否。选择"数据"属性组，设置允许添加属性为否，设置窗体的"记录源"为销售售货查询。窗体页脚节区文本框控件来源属性为：=Sum([售货数量]*[商品售价])。调整所有控件大小、对齐方式、位置，如图 9.13 所示。保存窗体为"销售业绩查询窗体"。

② 设置"查询"命令按钮单击事件过程。

```
Private Sub Command11_Click()
    Me.RecordSource="SELECT 销售信息表.*, 商品信息表.商品售价 FROM 商品信息表
INNER JOIN 销售信息表 ON 商品信息表.商品编号=销售信息表.商品编号 WHERE (([售货时
间]>=#" & Text7 & "# And [售货时间]-1<=#" & Text9 & "#) AND ((销售信息表.销售
员) like'"&ygbh&"'))"
End Sub
```

③ 设置"全部"命令按钮单击事件过程。

```
Private Sub Command12_Click()
    Me.RecordSource="SELECT 销售信息表.*, 商品信息表.商品售价 FROM 商品信息表
INNER JOIN 销售信息表 ON 商品信息表.商品编号=销售信息表.商品编号 WHERE  ((销售信息
表.销售员) like'"&ygbh&"')"
    Text7=""
    Text9=""
End Sub
```

（4）创建销售退货查询窗体

① "请输入起止日期："后的文本框名称为：Text44；"—至—"后的文本框名称为：Text45。设置窗体属性：分隔线为否，记录选择器为否。选择"数据"属性组，设置允许添加属性为否，设置窗体的"记录源"为销售退货查询。窗体页脚节区文本框控件来源属性为：=Sum([退货数量]*[商品售价])。调整所有控件大小、对齐方式、位置，如图 9.14 所示。保存窗体为"销售退货查询窗体"。

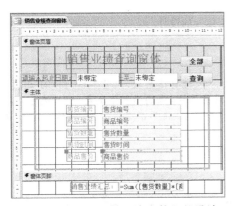

图 9.13　"销售业绩查询窗体"的设计

图 9.14　"销售退货查询窗体"的设计

② 设置"查询"命令按钮单击事件过程。

```
Private Sub Command19_Click()
    Me.RecordSource="SELECT 销售退货信息表.*, 商品信息表.商品售价 FROM 商品信息
表 INNER JOIN 销售退货信息表 ON 商品信息表.商品编号=销售退货信息表.商品编号 WHERE
(([退货时间]>=#" & Text44 & "# And [退货时间]-1<=#" & Text45 & "#) AND ((销
售退货信息表.销售员) like'"&ygbh&"'))"
End Sub
```

③ 设置"全部"命令按钮单击事件过程。

```
Private Sub Command20_Click()
    Me.RecordSource = "SELECT 销售退货信息表.*, 商品信息表.商品售价 FROM 商品信息
表 INNER JOIN 销售退货信息表 ON 商品信息表.商品编号=销售退货信息表.商品编号 WHERE
(销售退货信息表.销售员) like'"&ygbh&"'"
    Text44=""
    Text45=""
End Sub
```

（5）创建采购退货查询窗体

① "请输入起止日期："后的文本框名称为：Text44；"—至—"后的文本框名称为：Text45。设置窗体属性：分隔线为否，记录选择器为否。选择"数据"属性组，设置允许添加为否，设

置窗体的"记录源"为采购退货查询。窗体页脚节区文本框控件来源属性为：=Sum([退货数量]*[进货单价])。调整所有控件大小、对齐方式、位置，如图 9.15 所示。保存窗体为"采购退货查询窗体"。

图 9.15 "采购退货查询窗体"的设计

② 设置"查询"命令按钮单击事件过程。

```
Private Sub Command19_Click()
    Me.RecordSource="SELECT 采购退货信息表.*，进货信息表.进货单价 FROM 进货信息表 INNER JOIN 采购退货信息表 ON 进货信息表.进货编号=采购退货信息表.进货编号 WHERE ((([退货日期]>=#" & Text44 & "# And [退货日期]-1<=#" & Text45 & "#) AND ((采购退货信息表.采购员) like'"&ygbh&"')) "
End Sub
```

③ 设置"全部"命令按钮单击事件过程。

```
Private Sub Command20_Click()
    Me.RecordSource="SELECT 采购退货信息表.*，进货信息表.进货单价 FROM 进货信息表 INNER JOIN 采购退货信息表 ON 进货信息表.进货编号=采购退货信息表.进货编号 WHERE (采购退货信息表.采购员) like'"&ygbh&"'"
    Text44=""
    Text45=""
End Sub
```

（6）创建采购进货查询窗体

① "请输入起止日期："后的文本框名称为：Text42；"—至—"后的文本框名称为：Text43。设置窗体属性：分隔线为否，记录选择器为否。选择"数据"属性组，设置允许添加为否，设置窗体的"记录源"为采购进货查询。窗体页脚节区文本框控件来源属性为：=Sum([进货数量]*[进货单价])。调整所有控件大小、对齐方式、位置，如图 9.16 所示。保存窗体为"采购进货查询窗体"。

② 设置"查询"命令按钮单击事件过程如下。

```
Private Sub Command17_Click()
    Me.RecordSource="SELECT * FROM 进货信息表 WHERE (([进货日期]>=#" & Text42 & "# And [进货日期]-1<=#" & Text43 & "#) AND (采购员 like'"&ygbh&"'))"
End Sub
```

③ 设置"全部"命令按钮单击事件过程如下。

```
Private Sub Command18_Click()
```

```
    Me.RecordSource="SELECT * FROM 进货信息表 WHERE (采购员 like'"&ygbh&"')"
    Text42=""
    Text43=""
End Sub
```

（7）创建供应商管理窗体

① "请输入供应商编号："后的文本框名称为：Text48。设置窗体属性：分隔线为否，记录选择器为否，导航按钮为否。选择"数据"属性组，设置允许添加为否，设置窗体的"记录源"为供应商信息表。调整所有控件大小、对齐方式、位置，如图9.17所示。保存窗体为"供应商管理窗体"。

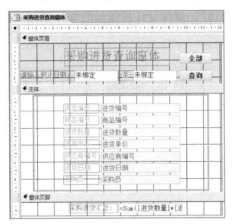

图9.16 "采购进货查询窗体"的设计

图9.17 供应商管理窗体

② 设置"查询"命令按钮单击事件过程。

```
Private Sub Command15_Click()
    If(IsNull(DLookup("供应商编号","供应商信息表","供应商编号='"& Text48 &"'"))) Then
        MsgBox "没有此供应商，请重新输入！", vbCritical
        Text48=""
    Else
        Me.RecordSource="SELECT * FROM 供应商信息表" & " where 供应商编号='"&
Text48 &"'"
    End If
End Sub
```

③ 设置"全部"命令按钮单击事件过程。

```
Private Sub Command16_Click()
    Me.RecordSource="SELECT * FROM 供应商信息表"
    Text48=""
End Sub
```

9.5.3 销售管理模块的详细设计

（1）创建销售管理窗体

① 在"商品管理系统"数据库中，创建一个"销售管理"窗体，在窗体页眉节区添加一个标签显示标题"销售管理"，添加一个文本框显示当前登录员工的编号，再添加一个文本框显示当前日期时间，并每隔一秒更新显示，再添加一个命令按钮，标题为"退出系统"，单击该按钮退出系统。在主体节区添加一个选项卡控件，在选项卡控件上加入4个页，分别为：销售、

退货、个人信息、信息查询。"员工编号"后的文本框名称为"text11"，文本框的值在销售管理窗体的加载事件过程中设置，详见 9.5.3 节的第（6）小节。窗体页眉节区右上方文本框控件名称为"text12"，设置窗体的计时器间隔属性为 1000。设置窗体计时器触发事件过程如下：

```
Private Sub Form_Timer()
    Me.Text12=Now()
End Sub
```

② 创建"退出系统"宏：宏设计视图如图 9.18 所示。设置"退出系统"命令按钮单击属性为"退出系统"宏。

③ 设置窗体属性：分隔线属性为否，记录选择器为否，导航按钮为否，自动调整为是，设置窗体"标题"为销售管理。保存窗体为"销售管理"。窗体设计视图如图 9.19 所示。

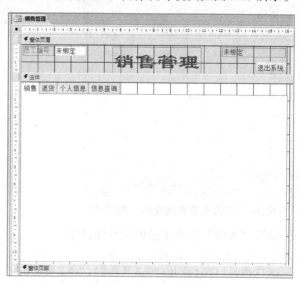

图 9.18　退出系统宏的设计　　　　　图 9.19　销售管理窗体的设计

（2）销售页的设计

① 在销售页上加入 8 个文本框控件，依次为：售货编号、商品编号、售货数量、商品售价、售货时间、text21（对应的标签属性设置为"小计"）、text22（对应的标签属性设置为"收银"）、text23（对应的标签属性设置为"找零"）。其中，售货编号在销售管理窗体的加载事件过程中设置，详见 9.5.3 节第（6）小节，不需要用户输入；商品编号、售货数量、收银由用户输入；设置商品售价的控件来源属性为：=IIf(IsNull([Forms]![销售管理]![商品编号]),"",DLookUp("商品售价","商品信息表","商品编号='"& [Forms]![销售管理]![商品编号] &"'"))。设置售货时间的控件来源属性为：=Now()。设置 text21（小计）的控件来源属性为：=IIf(IsNull([Forms]![销售管理]![售货数量]) Or IsNull([Forms]![销售管理]![商品售价]),"",[售货数量]*[商品售价])。设置 text23（找零）的控件来源属性为：=IIf(IsNull([Forms]![销售管理]![售货数量]) Or IsNull([Forms]![销售管理]![商品售价]) Or IsNull([Forms]![销售管理]![text22]),"",[Forms]![销售管理]![text22]-售货数量]*[商品售价])。调整所有控件大小、对齐方式、位置，如图 9.20 所示。单击"保存"按钮。

② 创建"销售售货商品数量更新"查询，商品售出后，商品信息表中的商品数量要减少相应数量。查询设计视图如图 9.21 所示。

③ 以销售售货查询为记录源创建购物单报表，以设计购物单的打印格式。报表设计视图

如图 9.22 所示。

图 9.20　"销售"页的设计

图 9.21　销售售货商品数量更新

图 9.22　购物单报表

④ 设置"确定并打印购物单"命令按钮的单击事件过程。

```
Private Sub Command76_Click()
    '创建连接，打开记录集
    Dim cn As New ADODB.Connection          '定义连接对象变量 cn
    Dim rs As New ADODB.Recordset           '定义记录集对象变量 rs
    Dim strSQL As String                    '查询字符串变量 strSQL
    Dim strx As String
    Set cn=CurrentProject.Connection
    strSQL="select * from 销售信息表"
    rs.Open strSQL, CurrentProject.Connection, , 2  '打开记录集，可写方式
    '追加销售记录到销售表
    rs.AddNew
    rs.Fields(0)=Trim(Forms![销售管理]![售货编号])
    rs.Fields(1)=Trim(Forms![销售管理]![商品编号])
    rs.Fields(2)=Forms![销售管理]![售货数量]
    rs.Fields(3)=Forms![销售管理]![售货时间]
    rs.Fields(4)=Trim(Forms![销售管理]!Text11)
    rs.Update
    '更新商品信息表中商品数量
```

```
        DoCmd.OpenQuery "销售售货商品数量更新"
        '打印购物单
        DoCmd.OpenReport "购物单", , , "销售信息表.售货编号='" & Forms!销售管理!售货
编号&"'"
        '为下一次销售初始化
        rs.MoveLast
        strx=rs.Fields("售货编号")
        strx=Val(Right(strx, 4))+1
        Me.售货编号="sh" & Right("0000" &strx, 4)
        Me.商品编号=""
        Me.售货数量=""
        Me.Text22=""
        '断开连接
        rs.Close
        cn.Close
        Set rs=Nothing
        Set cn=Nothing
End Sub
```

（3）退货页的设计

① 在退货页上加入 7 个文本框控件，依次为：退货编号、售货编号 2、商品编号 2、退货数量、商品售价 2、退货时间、text31（对应的标签属性设置为"小计"）。其中，退货编号在销售管理窗体的加载事件过程中设置，详见 9.5.3 节第（6）小节，不需要用户输入；售货编号、商品编号、退货数量由用户输入；设置商品售价 2 的控件来源属性为：=IIf(IsNull([Forms]![销售管理]![商品编号 2]),"",DLookUp("商品售价","商品信息表","商品编号='"& [Forms]![销售管理]![商品编号 2] &"'"))。设置退货时间的控件来源属性为：=Now()。设置 text31（小计）的控件来源属性为：=IIf(IsNull([Forms]![销售管理]![退货数量]) Or IsNull([Forms]![销售管理]![商品售价 2]),"",[退货数量]*[商品售价 2])。调整所有控件大小、对齐方式、位置，如图 9.23 所示。

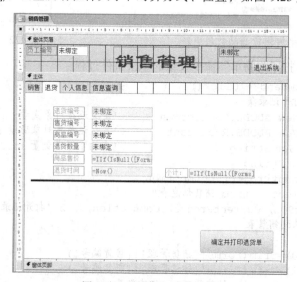

图 9.23 "退货"页的设计

② 创建"销售退货商品数量更新"查询，商品退回来后，商品信息表中的商品数量要增加相应数量。查询设计视图如图 9.24 所示。

③ 以销售退货查询为记录源创建销售退货单报表，以设计销售退货单的打印格式。报表设计视图如图 9.25 所示。

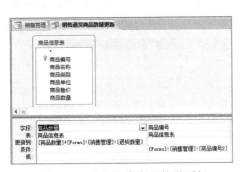

图 9.24　销售退货商品数量更新　　　　　　图 9.25　销售退货单报表

④ 设置"确定并打印退货单"命令按钮的单击事件过程。

```
Private Sub Command102_Click()
    '创建连接，打开记录集
    Dim cn As New ADODB.Connection          '定义连接对象变量 cn
    Dim rs As New ADODB.Recordset           '定义记录集对象变量 rs
    Dim strSQL As String                    '查询字符串变量 strSQL
    Dim strx As String
    Set cn=CurrentProject.Connection
    strSQL="select * from 销售退货信息表"
    rs.Open strSQL, CurrentProject.Connection, , 2 '打开记录集
    '追加销售退货记录到销售退货信息表
    rs.AddNew
    rs.Fields(0)=Trim(Forms![销售管理]![退货编号])
    rs.Fields(1)=Trim(Forms![销售管理]![售货编号2])
    rs.Fields(2)=Trim(Forms![销售管理]![商品编号2])
    rs.Fields(3)=Forms![销售管理]![退货数量]
    rs.Fields(4)=Forms![销售管理]![退货时间]
    rs.Fields(5)=Trim(Forms![销售管理]!Text11)
    rs.Update
    '更新商品信息表中商品数量
    DoCmd.OpenQuery "销售退货商品数量更新"
    '打印购物单
    DoCmd.OpenReport "销售退货单", , , "销售退货信息表.销售退货编号='" & Forms!销
售管理!退货编号&"'"
    '为下一次销售初始化
    rs.MoveLast
    strx=rs.Fields("销售退货编号")
    strx=Val(Right(strx, 4))+1
    Me.退货编号="xsth" & Right("0000" &strx, 4)
    Me.售货编号2=""
    Me.商品编号2=""
    Me.退货数量=""
    '断开连接
    rs.Close
    cn.Close
    Set rs=Nothing
```

```
        Set cn=Nothing
End Sub
```

（4）个人信息页的设计

① 创建个人信息修改查询，将用户修改的信息更新到用户信息表中。查询设计视图如图 9.26 所示。

图 9.26　个人信息修改

② 创建"个人信息修改"宏：宏设计视图如图 9.27 所示。

③ 在个人信息页上添加一个子窗体控件 Child68，以个人信息窗体作为源对象，供用户浏览个人信息、修改个人信息；再添加一个命令按钮，标题为"修改个人信息"，并设计单击该按钮时，运行"个人信息修改"宏，将个人信息子窗体上的数据更新到用户信息表中。调整所有控件大小、对齐方式、位置，如图 9.28 所示。

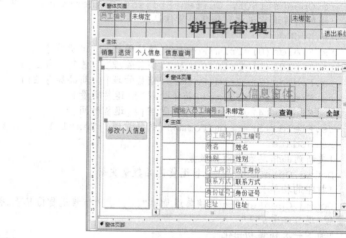

图 9.27　个人信息修改宏的设计　　　　图 9.28　"个人信息"页的设计

（5）信息查询页的设计

在信息查询页上添加 3 个子窗体控件 Child52、Child53、Child54，分别以商品信息查询窗体、销售业绩查询窗体、销售退货查询窗体为源对象，再添加 3 个命令按钮——商品信息 Command56、销售业绩 Command57、退货信息 Command58，如图 9.29 所示。

"商品信息"命令按钮单击事件过程：

```
Private Sub Command56_Click()
    Me.Child52.Visible=True
    Me.Child53.Visible=False
```

```
    Me.child54.Visible=False
End Sub
```

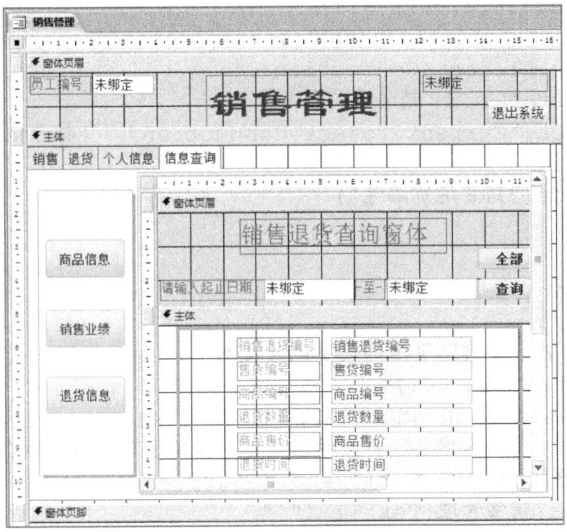

图 9.29　"信息查询"页的设计

"销售业绩"命令按钮单击事件过程：

```
Private Sub Command57_Click()
    Me.Child52.Visible=False
    Me.Child53.Visible=True
    Me.child54.Visible=False
End Sub
```

"退货信息"命令按钮单击事件过程：

```
Private Sub Command58_Click()
    Me.Child52.Visible=False
    Me.Child53.Visible=False
    Me.child54.Visible=True
End Sub
```

（6）设置销售管理窗体的加载事件过程

```
Private Sub Form_Load()
    '设置公用变量 ygbh 的值为当前登录员工
    ygbh=Forms!登录.Text1
    '设置销售管理窗体页眉节区的文本框（员工编号）Text11 的值
    Me.Text11=ygbh
    '创建或定义 ADO 对象变量
    Dim cn As New ADODB.Connection          '定义连接对象变量 cn
    Dim rs As New ADODB.Recordset           '定义记录集对象变量 rs
    Dim strSQL As String                    '查询字符串变量 strSQL
    Dim strx As String
    Set cn=CurrentProject.Connection
    strSQL="Select * from 销售信息表"
    rs.Open strSQL, CurrentProject.Connection    '打开记录集
    rs.MoveLast
    strx=rs.Fields("售货编号")
    rs.Close
    cn.Close
    Set rs=Nothing
```

```
Set cn=Nothing
'设置销售管理窗体"销售"页上的售货编号文本框的值
strx=Val(Right(strx, 4)) + 1
Me.售货编号="sh" & Right("0000" &strx, 4)
Set cn=CurrentProject.Connection
strSQL="Select * from 销售退货信息表"
rs.Open strSQL, CurrentProject.Connection        '打开记录集
rs.MoveLast
strx=rs.Fields("销售退货编号")
rs.Close
cn.Close
Set rs=Nothing
Set cn=Nothing
'设置销售管理窗体"退货"页上的退货编号文本框的值
strx=Val(Right(strx, 4))+1
Me.退货编号="xsth" & Right("0000" &strx, 4)
'设置销售管理窗体"个人信息"页上的用户信息查询子窗体只显示当前员工信息
Forms!销售管理!Child68.Form.RecordSource="select * from 用户信息表 where
员工编号='"& Forms!销售管理!Text11 &"'"
'设置销售管理窗体"信息查询"页上的销售业绩查询子窗体只显示当前员工的销售业绩
Forms!销售管理!child53.Form.RecordSource="SELECT 销售信息表.*, 商品信息表.
商品售价 FROM 商品信息表 INNER JOIN 销售信息表 ON 商品信息表.商品编号=销售信息表.商
品编号 where 销售信息表.销售员='"& Forms!销售管理!Text11 &"'"
'设置销售管理窗体"信息查询"页上的销售退货查询子窗体只显示当前员工的销售退货
Forms!销售管理!child54.Form.RecordSource="SELECT 销售退货信息表.*, 商品信息
表.商品售价 FROM 商品信息表 INNER JOIN 销售退货信息表 ON 商品信息表.商品编号=销售退货信
息表.商品编号 where 销售退货信息表.销售员='"& Forms!销售管理!Text11 &"'"End Sub
```

9.5.4　进货管理模块的详细设计

（1）创建进货管理窗体

进货管理窗体与销售管理窗体十分相似。只是主体节区选项卡控件上有 5 个页，分别为：
进货、退货、个人信息、信息查询、供应商管理。窗体设计视图如图 9.30 所示。

图 9.30　进货管理窗体的设计

（2）进货页的设计

① 在进货页上加入 7 个文本框控件，依次为：进货编号、商品编号、进货单价、进货数量、供应商编号、进货日期、text21（小计）。其中，进货编号在进货管理窗体的加载事件过程中设置，详见 9.5.4 节第（7）小节，不需要用户输入。商品编号、进货单价、进货数量、供应商编号由用户输入。设置进货日期的控件来源属性为：=Date()。设置 text21（小计）的控件来源属性为：=IIf(IsNull([Forms]![进货管理]![进货数量]) Or IsNull([Forms]![进货管理]![进货单价]),"",[进货数量]*[进货单价])。调整所有控件大小、对齐方式、位置，如图 9.31 所示。

图 9.31　"进货"页的设计

② 创建"采购进货商品数量更新"查询，进货后，商品信息表中的商品数量要增加相应数量。查询设计视图如图 9.32 所示。

③ 以采购进货查询为记录源创建进货单报表，以设计进货单的打印格式。报表设计视图如图 9.33 所示（设置"小计"文本框的"控件来源"属性为：=[进货数量]*[进货单价]）。

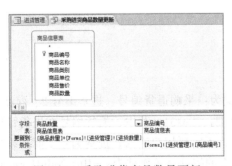

图 9.32　采购进货商品数量更新

图 9.33　进货单报表

④ 设置"确定并打印进货单"命令按钮的单击事件过程。

```
Private Sub Command76_Click()
    '创建连接，打开记录集
    Dim cn As New ADODB.Connection        '定义连接对象变量cn
```

```
      Dim rs As New ADODB.Recordset          '定义记录集对象变量 rs
      Dim strSQL As String                   '查询字符串变量 strSQL
      Dim strx As String
      Set cn=CurrentProject.Connection
      strSQL="select * from 进货信息表"
      rs.Open strSQL, CurrentProject.Connection, , 2 '打开记录集
      '追加进货记录到进货信息表
      rs.AddNew
      rs.Fields(0)=Trim(Forms![进货管理]![进货编号])
      rs.Fields(1)=Trim(Forms![进货管理]![商品编号])
      rs.Fields(2)=Forms![进货管理]![进货单价]
      rs.Fields(3)=Forms![进货管理]![进货数量]
      rs.Fields(4)=Trim(Forms![进货管理]![供应商编号])
      rs.Fields(5)=Forms![进货管理]![进货日期]
      rs.Fields(6)=Trim(Forms![进货管理]!Text11)
      rs.Update
      '更新商品信息表中商品数量
      DoCmd.OpenQuery "采购进货商品数量更新"
      '打印进货单
      DoCmd.OpenReport "进货单", , , "进货信息表.进货编号='"& Forms!进货管理!进货
编号&"'"
      '为下一次进货初始化
      rs.MoveLast
      strx=rs.Fields("进货编号")
      strx=Val(Right(strx, 4)) + 1
      Me.进货编号="jh" & Right("0000" &strx, 4)
      Me.商品编号=""
      Me.进货数量=""
      Me.进货单价=""
      Me.供应商编号=""
      '断开连接
      rs.Close
      cn.Close
      Set rs=Nothing
      Set cn=Nothing
    End Sub
```

（3）退货页的设计

① 在退货页上加入 8 个文本框控件，依次为：采购退货编号、进货编号 2、商品编号 2、退货数量、进货单价 2、供应商编号 2、退货日期、text31。其中，退货编号在进货管理窗体的加载事件过程中设置，详见 9.5.4 节（7）小节，不需要用户输入；进货编号、商品编号、退货数量、供应商编号由用户输入。设置进货单价 2 的控件来源属性为：=IIf(IsNull([Forms]![进货管理]![进货编号 2]),"",DLookUp("进货单价","进货信息表","进货编号='"& [Forms]![进货管理]![进货编号 2] &"'"))。设置退货日期的控件来源属性为：=Date()。设置 text31（小计）的控件来源属性为：=IIf(IsNull([Forms]![进货管理]![退货数量]) Or IsNull([Forms]![进货管理]![进货单价 2]),"",[退货数量]*[进货单价 2])。调整所有控件大小、对齐方式、位置，如图 9.34 所示。

图 9.34 "退货"页的设计

② 创建"采购退货商品数量更新"查询，采购退货后，商品信息表中的商品数量要减少相应数量。查询设计视图如图 9.35 所示。

③ 以采购退货查询为记录源创建采购退货单报表，以设计采购退货单的打印格式。报表设计视图如图 9.36 所示（设置"小计"文本框"控件来源"属性为：=[退货数量]*[进货单价]）。

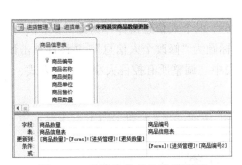

图 9.35 采购进货商品数量更新

图 9.36 采购退货单报表

④ 设置"确定并打印退货单"命令按钮的单击事件过程。

```
Private Sub Command102_Click()
    '创建连接，打开记录集
    Dim cn As New ADODB.Connection          '定义连接对象变量 cn
    Dim rs As New ADODB.Recordset           '定义记录集对象变量 rs
    Dim strSQL As String                    '查询字符串变量 strSQL
    Dim strx As String
    Set cn=CurrentProject.Connection
    strSQL="select * from 采购退货信息表"
    rs.Open strSQL, CurrentProject.Connection, , 2 '打开记录集
    '追加采购退货记录到采购退货信息表
    rs.AddNew
    rs.Fields(0)=Trim(Forms![进货管理]![采购退货编号])
```

```
rs.Fields(1)=Trim(Forms![进货管理]![进货编号2])
rs.Fields(2)=Trim(Forms![进货管理]![商品编号2])
rs.Fields(3)=Forms![进货管理]![退货数量]
rs.Fields(4)=Forms![进货管理]![退货日期]
rs.Fields(5)=Trim(Forms![进货管理]![供应商编号2])
rs.Fields(6)=Trim(Forms![进货管理]!Text11)
rs.Update
'更新商品信息表中商品数量
DoCmd.OpenQuery "采购退货商品数量更新"
'打印购物单
DoCmd.OpenReport "采购退货单", , , "采购退货信息表.采购退货编号='" & Forms!进
货管理!采购退货编号&"'"
'为下一次销售初始化
rs.MoveLast
strx=rs.Fields("采购退货编号")
strx=Val(Right(strx, 4))+1
Me.采购退货编号="cgth" & Right("0000" &strx, 4)
Me.进货编号2=""
Me.商品编号2=""
Me.退货数量=""
Me.供应商编号2=""
'断开连接
rs.Close
cn.Close
Set rs=Nothing
Set cn=Nothing
End Sub
```

（4）个人信息页的设计

在个人信息页上添加一个子窗体控件 Child68，以个人信息窗体作为源对象，供用户浏览个人信息、修改个人信息；再添加一个命令按钮，标题为"修改个人信息"，并设计单击该按钮时，将个人信息子窗体上的数据，更新到用户信息表中。调整所有控件大小、对齐方式、位置，如图 9.37 所示。

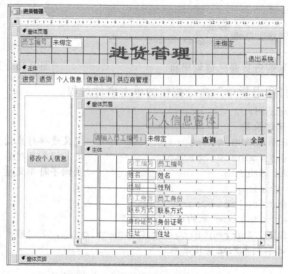

图 9.37 "个人信息"页的设计

设置"修改个人信息"命令按钮的单击事件过程。

```
Private Sub Command71_Click()
    '创建连接, 打开记录集
    Dim cn As New ADODB.Connection          '定义连接对象变量 cn
    Dim rs As New ADODB.Recordset           '定义记录集对象变量 rs
    Dim strSQL As String                    '查询字符串变量 strSQL
    Dim strx As String
    Set cn=CurrentProject.Connection
    strSQL="select * from 用户信息表 where 员工编号='"& Forms![进货管理]!
Text11 &"'"
    rs.Open strSQL, CurrentProject.Connection, , 2  '打开记录集
    '修改用户信息
    rs.MoveFirst
    rs.Fields(1)=Trim(Forms![进货管理]!Child68.Form.姓名)
    rs.Fields(2)=Trim(Forms![进货管理]!Child68.Form.性别)
    rs.Fields(4)=Trim(Forms![进货管理]!Child68.Form.联系方式)
    rs.Fields(5)=Trim(Forms![进货管理]!Child68.Form.身份证号)
    rs.Fields(6)=Trim(Forms![进货管理]!Child68.Form.住址)
    rs.Fields(7)=Trim(Forms![进货管理]!Child68.Form.密码)
    rs.Update
    '断开连接
    rs.Close
    cn.Close
    Set rs=Nothing
    Set cn=Nothing
End Sub
```

（5）信息查询页的设计

在信息查询页上添加 3 个子窗体控件 Child52、Child53、Child54，分别以商品信息查询窗体、采购进货查询窗体、采购退货查询窗体为源对象，再添加 3 个命令按钮——商品信息、进货信息、退货信息。调整所有控件大小、对齐方式、位置，如图 9.38 所示。

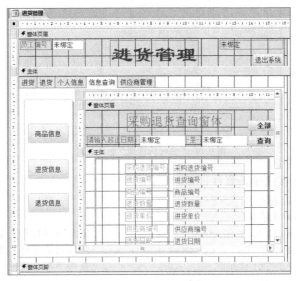

图 9.38 "信息查询"页的设计

设置"商品信息"命令按钮单击事件过程。

```
Private Sub Command56_Click()
    Me.Child52.Visible=True
    Me.Child53.Visible=False
    Me.child54.Visible=False
End Sub
```

设置"进货信息"命令按钮单击事件过程。

```
Private Sub Command57_Click()
    Me.Child52.Visible=False
    Me.Child53.Visible=True
    Me.child54.Visible=False
End Sub
```

设置"退货信息"命令按钮单击事件过程。

```
Private Sub Command58_Click()
    Me.Child52.Visible=False
    Me.Child53.Visible=False
    Me.child54.Visible=True
End Sub
```

（6）供应商管理页的设计

在供应商管理页上添加 1 个子窗体控件 Child55，以供应商管理窗体为源对象，再添加 3 个命令按钮——修改、删除、添加，调整所有控件大小、对齐方式、位置，如图 9.39 所示。

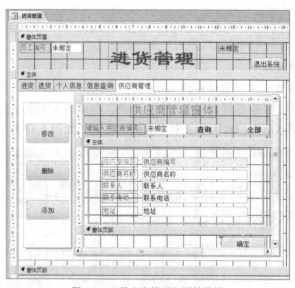

图 9.39 "供应商管理"页的设计

设置"修改"命令按钮单击事件过程。

```
Private Sub Command127_Click()
    '创建连接，打开记录集
    Dim cn As New ADODB.Connection        '定义连接对象变量 cn
    Dim rs As New ADODB.Recordset         '定义记录集对象变量 rs
    Dim strSQL As String                  '查询字符串变量 strSQL
    Set cn=CurrentProject.Connection
```

```
    strSQL="select * from 供应商信息表 where 供应商编号='"& Me.child55.Form.供
应商编号&"'"
    rs.Open strSQL, CurrentProject.Connection, , 2 '打开记录集
    '修改供应商信息
    rs.MoveFirst
    rs.Fields(1)=Trim(Me.child55.Form.供应商名称)
    rs.Fields(2)=Trim(Me.child55.Form.联系人)
    rs.Fields(3)=Trim(Me.child55.Form.联系电话)
    rs.Fields(4)=Trim(Me.child55.Form.地址)
    rs.Update
    '断开连接
    rs.Close
    cn.Close
    Set rs=Nothing
    Set cn=Nothing
End Sub
```

设置“删除”命令按钮单击事件过程。

```
Private Sub Command128_Click()
    '创建连接，打开记录集
    Dim cn As New ADODB.Connection          '定义连接对象变量 cn
    Dim rs As New ADODB.Recordset           '定义记录集对象变量 rs
    Dim strSQL As String                    '查询字符串变量 strSQL
    Set cn=CurrentProject.Connection
    strSQL="select * from 供应商信息表 where 供应商编号='"& Me.child55.Form.供
应商编号&"'"
    rs.Open strSQL, CurrentProject.Connection, , 2 '打开记录集
    '删除供应商信息
    rs.MoveFirst
    rs.Delete
    '断开连接
    rs.Close
    cn.Close
    Set rs=Nothing
    Set cn=Nothing
    '刷新供应商管理子窗体记录源
    Me.child55.Form.RecordSource="SELECT * FROM 供应商信息表"
    '将用户查询输入的供应商编号清空
    Me.child55.Form.Text48=""
End Sub
```

设置“添加”命令按钮单击事件过程。

```
Private Sub Command129_Click()
    '创建连接，打开记录集
    Dim cn As New ADODB.Connection          '定义连接对象变量 cn
    Dim rs As New ADODB.Recordset           '定义记录集对象变量 rs
    Dim strSQL As String                    '查询字符串变量 strSQL
    Dim strx As String
    Set cn=CurrentProject.Connection
    strSQL="Select * from 供应商信息表"
    rs.Open strSQL, CurrentProject.Connection '打开记录集
    rs.MoveLast
```

```
    strx=rs.Fields("供应商编号")
    '断开连接
    rs.Close
    cn.Close
    Set rs=Nothing
    Set cn=Nothing
    strx=Val(Right(strx, 4))+1
    '将供应商管理子窗体上的绑定文本框解除绑定
    Dim ff1 As Control
    For Each ff1 In Me.child55.Form.Controls
        If ff1.ControlType=acTextBoxThen
            ff1.ControlSource=""
        End If
    Next
    '设置新添加的供应商的编号
    Me.child55.Form.供应商编号="gy" & Right("0000" &strx, 4)
    '将供应商管理子窗体上的"确定"按钮设为可见
    Me.child55.Form.Command20.Visible=True
End Sub
```

设置供应商管理子窗体里的"确定"命令按钮单击事件过程。

```
Private Sub Command20_Click()
    '创建连接，打开记录集
    Dim cn As New ADODB.Connection           '定义连接对象变量 cn
    Dim rs As New ADODB.Recordset            '定义记录集对象变量 rs
    Dim strSQL As String                     '查询字符串变量 strSQL
    Set cn=CurrentProject.Connection
    strSQL="select * from 供应商信息表"
    rs.Open strSQL, CurrentProject.Connection, , 2 '打开记录集
    '追加供应商到供应商信息表
    rs.AddNew
    rs.Fields(0)=Trim(Me.供应商编号)
    rs.Fields(1)=Trim(Me.供应商名称)
    rs.Fields(2)=Trim(Me.联系人)
    rs.Fields(3)=Trim(Me.联系电话)
    rs.Fields(4)=Trim(Me.地址)
    rs.Update
    '重新设置供应商管理子窗体的记录源
    Me.RecordSource="select * from 供应商信息表"
    '将供应商管理子窗体上的文本框绑定到记录源中指定字段
    Me.供应商编号.ControlSource="供应商编号"
    Me.供应商名称.ControlSource="供应商名称"
    Me.联系人.ControlSource="联系人"
    Me.联系电话.ControlSource="联系电话"
    Me.地址.ControlSource="地址"
    '重新隐藏供应商管理子窗体上的"确定"命令按钮
    Me.Command20.Visible=False
    '断开连接
    rs.Close
    cn.Close
    Set rs=Nothing
```

```
        Set cn=Nothing
End Sub
```

（7）设置进货管理窗体的加载事件过程

```
Private Sub Form_Load()
    '设置公用变量 ygbh 的值为当前登录员工
    ygbh=Forms!登录.Text1
    '设置进货管理窗体页眉节区的文本框（员工编号）Text11 的值
    Me.Text11=ygbh
    '创建或定义 ADO 对象变量
    Dim cn As New ADODB.Connection      '定义连接对象变量 cn
    Dim rs As New ADODB.Recordset       '定义记录集对象变量 rs
    Dim strSQL As String                '查询字符串变量 strSQL
    Dim strx As String
    Set cn=CurrentProject.Connection
    strSQL="Select * from 进货信息表"
    rs.Open strSQL, CurrentProject.Connection '打开记录集
    rs.MoveLast
    strx=rs.Fields("进货编号")
    rs.Close
    cn.Close
    Set rs=Nothing
    Set cn=Nothing
    '设置进货管理窗体"进货"页上的进货编号文本框的值
    strx = Val(Right(strx, 4))+1
    Me.进货编号="jh" & Right("0000" &strx, 4)
    Set cn=CurrentProject.Connection
    strSQL="Select * from 采购退货信息表"
    rs.Open strSQL, CurrentProject.Connection '打开记录集
    rs.MoveLast
    strx=rs.Fields("采购退货编号")
    rs.Close
    cn.Close
    Set rs=Nothing
    Set cn=Nothing
    '设置进货管理窗体"退货"页上的采购退货编号文本框的值
    strx=Val(Right(strx, 4))+1
    Me.采购退货编号= "cgth" & Right("0000" &strx, 4)
    '设置进货管理窗体"个人信息"页上的用户信息查询子窗体只显示当前员工信息
    Forms!进货管理!Child68.Form.RecordSource="select * from 用户信息表 where
员工编号='"&ygbh&"'"
    '设置进货管理窗体"信息查询"页上的采购进货查询子窗体只显示当前员工的进货记录
    Forms!进货管理!child53.Form.RecordSource="SELECT * FROM 进货信息表 WHERE
(采购员 like'"&ygbh&"')"
    '设置进货管理窗体"信息查询"页上的采购退货查询子窗体只显示当前员工的退货记录
    Forms!进货管理!child54.Form.RecordSource="SELECT 采购退货信息表.*, 进货信息
表.进货单价 FROM 进货信息表 INNER JOIN 采购退货信息表 ON (进货信息表.商品编号= 采购
退货信息表.商品编号) AND (进货信息表.进货编号=采购退货信息表.进货编号) WHERE (采购退
货信息表.采购员) Like '"&ygbh&"'"
    '设置进货管理窗体"供应商管理"页上的供应商管理子窗体的记录源
    Forms!进货管理!child55.Form.RecordSource="SELECT * FROM 供应商信息表"
End Sub
```

9.5.5 系统管理模块的详细设计

（1）创建系统管理窗体

系统管理窗体与销售管理窗体十分相似。只是主体节区选项卡控件上有 4 个页，分别为：调整商品售价、员工管理、信息查询、打印报表。窗体设计视图如图 9.40 所示。

（2）调整商品售价页的设计

① 创建调整售价查询：作为调整售价窗体的数据源。查询设计视图如图 9.41 所示。

图 9.40 系统管理窗体的设计

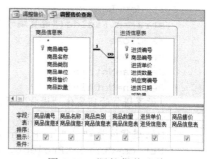

图 9.41 调整售价查询

② 创建商品售价更新查询：查询设计视图如图 9.42 所示。

③ 创建调整售价窗体。

a. "请输入商品编号:"后的文本框名称属性为：Text48。设置窗体属性：分隔线属性为否，记录选择器属性为否。选择"数据"属性组，设置允许添加属性为否，设置窗体的"记录源"属性为调整售价查询。调整所有控件大小、对齐方式、位置，如图 9.43 所示。

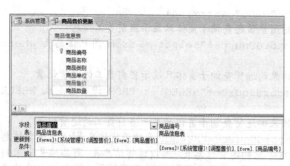

图 9.42 商品售价更新查询

图 9.43 "调整售价"窗体的设计

b. 设置"查询"命令按钮的事件过程。

```
Private Sub Command15_Click()
    If (IsNull(DLookup("商品编号", "商品信息表", "商品编号='"& Text48 &"'"))) Then
```

```
    MsgBox "没有此商品，请重新输入！", vbCritical, "无此商品"
    Text48=""
Else
    Me.RecordSource="SELECT 商品信息表.*,进货信息表.进货单价 FROM 商品信息表
INNER JOIN 进货信息表 ON 商品信息表.商品编号=进货信息表.商品编号  where 商品信息表.
商品编号='"& Text48 &"'"
    End If
End Sub
```

c. 设置"全部"命令按钮的事件过程。

```
Private Sub Command16_Click()
    Me.RecordSource="SELECT 商品信息表.*,进货信息表.进货单价 FROM 商品信息表
INNER JOIN 进货信息表 ON 商品信息表.商品编号=进货信息表.商品编号"
    Text48=""
End Sub
```

④ 在调整商品售价页上加入一个子窗体控件（调整售价），以调整售价窗体作为源对象，供用户浏览商品信息，修改商品售价；再添加一个命令按钮，标题为"确定"。调整所有控件大小、对齐方式、位置，如图 9.44 所示。

图 9.44　"调整商品售价"页的设计

设置"确定"命令按钮的单击事件过程。

```
Private Sub Command154_Click()
    DoCmd.OpenQuery "商品售价更新"
End Sub
```

（3）员工管理页的设计

在员工管理页上添加 1 个子窗体控件 Child1，以个人信息窗体为源对象，再添加 3 个命令按钮：修改、删除、添加。调整所有控件大小、对齐方式、位置，如图 9.45 所示。

设置"修改"命令按钮单击事件过程。

```
Private Sub Command127_Click()
    '创建连接，打开记录集
    Dim cn As New ADODB.Connection            '定义连接对象变量 cn
    Dim rs As New ADODB.Recordset             '定义记录集对象变量 rs
    Dim strSQL As String                      '查询字符串变量 strSQL
```

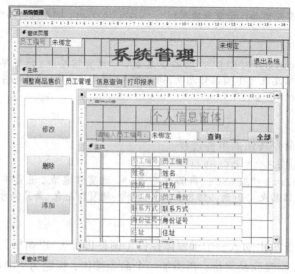

图 9.45 "员工管理"页的设计

```
Set cn=CurrentProject.Connection
strSQL="select * from 用户信息表 where 员工编号='"& Me.child1.Form.员工编号&"'"
rs.Open strSQL, CurrentProject.Connection, , 2 '打开记录集
'修改员工信息
rs.MoveFirst
rs.Fields(1)=Trim(Me.Child1.Form.姓名)
rs.Fields(2)=Trim(Me.Child1.Form.性别)
rs.Fields(3)=Trim(Me.Child1.Form.员工身份)
rs.Fields(4)=Trim(Me.Child1.Form.联系方式)
rs.Fields(5)=Trim(Me.Child1.Form.身份证号)
rs.Fields(6)=Trim(Me.Child1.Form.住址)
rs.Fields(7)=Trim(Me.Child1.Form.密码)
rs.Update
'断开连接
rs.Close
cn.Close
Set rs=Nothing
Set cn=Nothing
End Sub
```

设置"删除"命令按钮单击事件过程。

```
Private Sub Command128_Click()
    '创建连接，打开记录集
    Dim cn As New ADODB.Connection          '定义连接对象变量 cn
    Dim rs As New ADODB.Recordset           '定义记录集对象变量 rs
    Dim strSQL As String                    '查询字符串变量 strSQL
    Set cn=CurrentProject.Connection
    strSQL="select * from 用户信息表 where 员工编号='"& Me.child1.Form.员工编号&"'"
    rs.Open strSQL, CurrentProject.Connection, , 2 '打开记录集
    '删除员工信息
    rs.MoveFirst
    rs.Delete
    '断开连接
```

```
        rs.Close
        cn.Close
        Set rs=Nothing
        Set cn=Nothing
        '刷新供应商管理子窗体记录源
        Me.child1.Form.RecordSource="SELECT * FROM用户信息表"
        '将用户查询输入的员工编号清空
        Me.child1.Form.Text48=""
End Sub
```

设置"添加"命令按钮单击事件过程。

```
Private Sub Command129_Click()
        '创建连接，打开记录集
        Dim cn As New ADODB.Connection           '定义连接对象变量cn
        Dim rs As New ADODB.Recordset            '定义记录集对象变量rs
        Dim strSQL As String                     '查询字符串变量strSQL
        Dim strx As String
        Set cn=CurrentProject.Connection
        strSQL="Select * from 用户信息表"
        rs.Open strSQL, CurrentProject.Connection '打开记录集
        rs.MoveLast
        strx=rs.Fields("员工编号")
        '断开连接
        rs.Close
        cn.Close
        Set rs=Nothing
        Set cn=Nothing
        strx=Val(Right(strx, 4))+1
        '将员工管理子窗体上的绑定文本框解除绑定
        Dim ff1 As Control
        For Each ff1 In Me.child1.Form.Controls
          If ff1.ControlType=acTextBoxThen
              ff1.ControlSource=""
          End If
        Next
        '设置新添加的员工的编号
        Me.child1.Form.员工编号="yg" & Right("0000" &strx, 4)
        '将员工管理子窗体上的"确定"按钮设为可见
        Me.child1.Form.Command20.Visible=True
End Sub
```

设置员工管理子窗体里的"确定"命令按钮单击事件过程。

```
Private Sub Command20_Click()
        '创建连接，打开记录集
        Dim cn As New ADODB.Connection           '定义连接对象变量cn
        Dim rs As New ADODB.Recordset            '定义记录集对象变量rs
        Dim strSQL As String                     '查询字符串变量strSQL
        Dim strx As String
        Set cn=CurrentProject.Connection
        strSQL="select * from 用户信息表"
        rs.Open strSQL, CurrentProject.Connection, , 2 '打开记录集
        '追加员工到用户信息表
        rs.AddNew
```

```
rs.Fields(1)=Trim(Me.姓名)
rs.Fields(2)=Trim(Me.性别)
rs.Fields(3)=Trim(Me.员工身份)
rs.Fields(4)=Trim(Me.联系方式)
rs.Fields(5)=Trim(Me.身份证号)
rs.Fields(6)=Trim(Me.住址)
rs.Fields(7)=Trim(Me.密码)
rs.Update
'重新设置员工管理子窗体的记录源
Me.RecordSource="select * from 用户信息表"
'将员工管理子窗体上的文本框绑定到记录源中指定字段
Me.员工编号.ControlSource="员工编号"
Me.姓名.ControlSource="姓名"
Me.性别.ControlSource="性别"
Me.员工身份.ControlSource="员工身份"
Me.联系方式.ControlSource="联系方式"
Me.身份证号.ControlSource="身份证号"
Me.住址.ControlSource="住址"
Me.密码.ControlSource="密码"
'重新隐藏供应商管理子窗体上的"确定"命令按钮
Me.Command20.Visible=False
'断开连接
rs.Close
cn.Close
Set rs=Nothing
Set cn=Nothing
End Sub
```

（4）信息查询页的设计

在信息查询页上添加 6 个子窗体控件 Child2、Child3、Child4、Child5、Child6、Child7，分别以商品信息查询窗体、销售业绩查询窗体、销售退货查询窗体、采购进货查询窗体、采购退货查询窗体、供应商管理窗体为源对象，再添加 6 个命令按钮：商品信息、销售信息、销售退货、进货信息、采购退货、供应商信息。调整所有控件大小、对齐方式、位置，如图 9.46 所示。

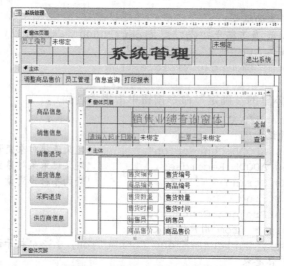

图 9.46 "信息查询"页的设计

设置"商品信息"命令按钮单击事件过程。

```
Private Sub Command56_Click()
    Me.Child2.Visible=True
    Me.child3.Visible=False
    Me.child4.Visible=False
    Me.child5.Visible=False
    Me.child6.Visible=False
    Me.child7.Visible=False
End Sub
```

设置"销售信息"命令按钮单击事件过程。

```
Private Sub Command57_Click()
    Me.Child2.Visible=False
    Me.child3.Visible=True
    Me.child4.Visible=False
    Me.child5.Visible=False
    Me.child6.Visible=False
    Me.child7.Visible=False
End Sub
```

设置"销售退货"命令按钮单击事件过程。

```
Private Sub Command58_Click()
    Me.Child2.Visible=False
    Me.child3.Visible=False
    Me.child4.Visible=True
    Me.child5.Visible=False
    Me.child6.Visible=False
    Me.child7.Visible=False
End Sub
```

设置"进货信息"命令按钮单击事件过程。

```
Private Sub Command56_Click()
    Me.Child2.Visible=False
    Me.child3.Visible=False
    Me.child4.Visible=False
    Me.child5.Visible=True
    Me.child6.Visible=False
    Me.child7.Visible=False
End Sub
```

设置"采购退货"命令按钮单击事件过程。

```
Private Sub Command57_Click()
    Me.Child2.Visible=False
    Me.child3.Visible=False
    Me.child4.Visible=False
    Me.child5.Visible=False
    Me.child6.Visible=True
    Me.child7.Visible=False
End Sub
```

设置"供应商信息"命令按钮单击事件过程。

```
Private Sub Command58_Click()
    Me.Child2.Visible=False
    Me.child3.Visible=False
    Me.child4.Visible=False
```

```
                Me.child5.Visible=False
                Me.child6.Visible=False
                Me.child7.Visible=True
           End Sub
```

（5）打印报表页的设计

① 以销售售货查询为记录源创建营业额日报表，报表设计视图如图 9.47 所示（添加分组，设置分组依据为："售货时间"字段，按日）。

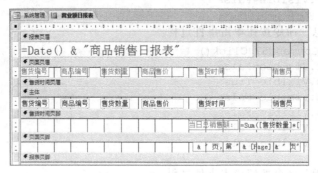

图 9.47　营业额日报表

② 以销售退货查询为记录源创建销售退货月报表，报表设计视图如图 9.48 所示（报表标题 =Year(Date()) & "-" & Month(Date()) & "销售退货月报表"；添加分组，设置分组依据为"退货时间"字段，按月；设置当月总退货额文本框"控件来源"属性为"=Sum([退货数量]*[商品售价])"）。

图 9.48　销售退货月报表

③ 以采购进货查询为记录源创建进货月报表，报表设计视图如图 9.49 所示（报表标题 =Year(Date()) & "-" & Month(Date()) & "商品进货月报表"；添加分组，设置分组依据为"进货日期"字段，按月；设置当月总进货额文本框"控件来源"属性为"=Sum([进货数量]*[进货单价])"）。

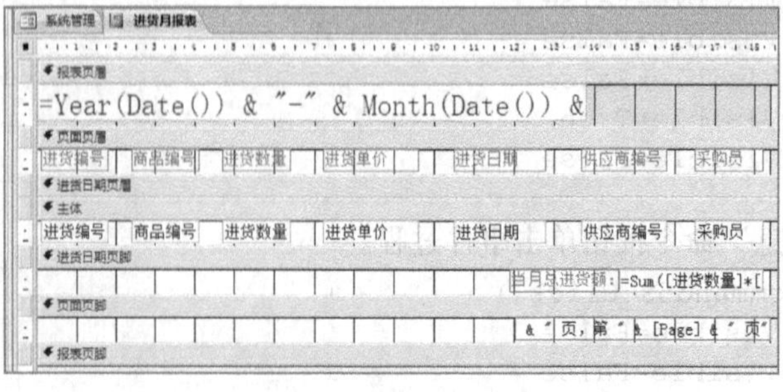

图 9.49　进货月报表

④ 以采购退货查询为记录源创建采购退货月报表，报表设计视图如图 9.50 所示（报表标题=Year(Date()) & "-" & Month(Date()) & "采购退货月报表"；添加分组，设置分组依据为："退货日期"字段，按月；设置当月总退货额文本框"控件来源"属性为"=Sum([退货数量]*[进货单价])"）。

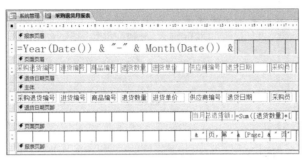

图 9.50　进货月报表

⑤ 创建月盈利表：临时表，用来作为盈利月报表的数据源（见表 9.17）。

表 9.17　月盈利表

字　段　名	字　段　类　型	是　否　主　键
销售总额	货币	
销售退货总额	货币	
进货总额	货币	
采购退货总额	货币	

⑥ 以月盈利表为记录源创建盈利月报表，报表设计视图如图 9.51 所示（报表标题=Year(Date()) & "-" & Month(Date()) & "盈利月报表"；设置收入文本框"控件来源"属性为"=[销售总额]-[销售退货总额]"，设置支出文本框"控件来源"属性为"=[进货总额]-[采购退货总额]"，设置盈利文本框"控件来源"属性为"=[text8]（收入）-[text10]（支出）"）。

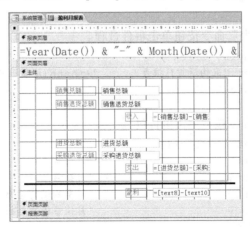

图 9.51　盈利月报表

⑦ 在"打印报表"页添加 5 个命令按钮：营业额日报表、销售退货月报表、进货信息月报表、采购退货月报表、盈利月报表。调整所有控件大小、对齐方式、位置，如图 9.52 所示。

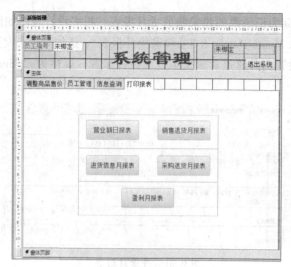

图 9.52　打印报表页的设计

设置"营业额月报表"命令按钮单击事件过程。

```
Private Sub Command156_Click()
    DoCmd.OpenReport "营业额日报表", , , "售货时间>=#" & Date & "# And 售货时
间<#" & Date + 1 & "#"
    End Sub
```

设置"销售退货月报表"命令按钮单击事件过程。

```
Private Sub Command160_Click()
    DoCmd.OpenReport "销售退货月报表", , , "(month(退货时间)=month(Date())) and
(year(退货时间)=year(Date())))"
    End Sub
```

设置"进货信息月报表"命令按钮单击事件过程。

```
Private Sub Command158_Click()
    DoCmd.OpenReport "进货月报表", , , "(month(进货日期)=month(Date())) and
(year(进货日期)=year(Date())))"
    End Sub
```

设置"采购退货月报表"命令按钮单击事件过程。

```
Private Sub Command157_Click()
    DoCmd.OpenReport "采购退货月报表", , , "(month(退货日期)=month(Date())) and
(year(退货日期)=year(Date())))"
    End Sub
```

设置"盈利月报表"命令按钮单击事件过程。

```
Private Sub Command159_Click()
    Dim x As Currency                          '月进货总额
    Dim y As Currency                          '月销售总额
    Dim z As Currency                          '月采购退货总额
    Dim m As Currency                          '月销售退货总额
    '创建连接，打开记录集
    Dim cn As New ADODB.Connection             '定义连接对象变量 cn
    Dim rs As New ADODB.Recordset              '定义记录集对象变量 rs
    Dim strSQL As String                       '查询字符串变量 strSQL
```

```
Dim strx As String
Set cn=CurrentProject.Connection
'求月进货总额，存于 x 中
strSQL=" SELECT Sum([进货数量]*[进货单价]) AS 进货总额 FROM 进货信息表 HAVING
((Month([进货日期])=Month(Date()) And Year([进货日期])= Year(Date()))))"
   rs.Open strSQL, CurrentProject.Connection   '打开记录集
   rs.MoveFirst
   If IsNull(rs.Fields(0)) Then
       x=0
   Else
       x=rs.Fields(0)
   End If
   rs.Close
   '求销售总额，存于 y 中
strSQL="SELECT Sum([售货数量]*[商品售价]) AS 销售总额 FROM 销售售货查询 WHERE
((Month([售货时间])=Month(Date()) And Year([售货时间])= Year(Date()))))"
   rs.Open strSQL, CurrentProject.Connection   '打开记录集
   rs.MoveFirst
   If IsNull(rs.Fields(0)) Then
       y=0
   Else
       y=rs.Fields(0)
   End If
   rs.Close
   '求采购退货总额，存于 z 中
strSQL="SELECT Sum([退货数量]*[进货单价]) AS 采购退货总额 FROM 采购退货查询
WHERE ((Month([退货日期])=Month(Date()) And Year([退货日期])= Year(Date()))))"
   rs.Open strSQL, CurrentProject.Connection   '打开记录集
   rs.MoveFirst
   If IsNull(rs.Fields(0)) Then
       z=0
   Else
       z=rs.Fields(0)
   End If
   rs.Close
   '求销售退货总额，存于 m 中
strSQL="SELECT Sum([退货数量]*[商品售价]) AS 销售退货总额 FROM 销售退货查询
WHERE ((Month([退货时间])=Month(Date()) And Year([退货时间])= Year(Date()))))"
   rs.Open strSQL, CurrentProject.Connection   '打开记录集
   rs.MoveFirst
   If IsNull(rs.Fields(0)) Then
       m=0
   Else
       m=rs.Fields(0)
   End If
   rs.Close
   '修改月盈利表中第一条记录各字段的值为 y、m、x、z
strSQL="SELECT *  from 月盈利表"
```

```
    rs.Open strSQL, CurrentProject.Connection, , 2  '打开记录集
    rs.MoveFirst
    rs.Fields(0)=y
    rs.Fields(1)=m
    rs.Fields(2)=x
    rs.Fields(3)=z
    rs.Update
    rs.Close
    '断开连接
    cn.Close
    Set rs=Nothing
    Set cn=Nothing
    '打印盈利月报表
    DoCmd.OpenReport "盈利月报表"
End Sub
```

（6）设置系统管理窗体的加载事件过程

```
Private Sub Form_Load()
    '设置系统管理窗体页眉节区的文本框（员工编号）Text11 的值
    Me.Text11=Forms!登录.Text1
    '将当前员工编号设置为所有人
    ygbh="*"
    '设置员工管理页个人信息子窗体的数据源为所有员工
    Forms!系统管理!Child1.Form.RecordSource="select * from 用户信息表"
    '设置其员工身份文本框可用,
    Forms!系统管理!Child1.Form.员工身份.Enabled=True
    '设置用于查询员工的标签、文本框、"查询""全部"按钮可见
    Forms!系统管理!Child1.Form.Label14.Visible=True
    Forms!系统管理!Child1.Form.Text48.Visible=True
    Forms!系统管理!Child1.Form.Command15.Visible=True
    Forms!系统管理!Child1.Form.Command16.Visible=True
    '设置记录导航按钮可用
    Forms!系统管理!Child1.Form.NavigationButtons=True
    '设置调整商品售价页调整售价子窗体的数据源
    Forms!系统管理!调整售价.Form.RecordSource="SELECT 商品信息表.*,进货信息表.
进货单价 FROM 商品信息表 INNER JOIN 进货信息表 ON 商品信息表.商品编号=进货信息表.商
品编号"
    '设置信息查询页供应商管理子窗体的数据源
    Forms!系统管理!child7.Form.RecordSource="SELECT * FROM 供应商信息表"
    '设置信息查询页采购退货查询子窗体的数据源
    Forms!系统管理!child6.Form.RecordSource="SELECT 采购退货信息表.*, 进货信息
表.进货单价 FROM 进货信息表 INNER JOIN 采购退货信息表 ON (进货信息表.商品编号=采购
退货信息表.商品编号) AND (进货信息表.进货编号=采购退货信息表.进货编号)"
    '设置信息查询页采购进货查询子窗体的数据源
    Forms!系统管理!child5.Form.RecordSource="SELECT * FROM 进货信息表"
    '设置信息查询页销售退货查询子窗体的数据源
    Forms!系统管理!child4.Form.RecordSource="SELECT 销售退货信息表.*, 商品信息
表.商品售价 FROM 商品信息表 INNER JOIN 销售退货信息表 ON 商品信息表.商品编号=销售退
货信息表.商品编号"
```

'设置信息查询页销售售货查询子窗体的数据源

Forms!系统管理!child3.Form.RecordSource="SELECT 销售信息表.*，商品信息表.商品售价 FROM 商品信息表 INNER JOIN 销售信息表 ON 商品信息表.商品编号=销售信息表.商品编号 "

'设置信息查询页商品信息查询子窗体的数据源

Forms!系统管理!Child2.Form.RecordSource="SELECT * FROM 商品信息表"

End Sub

9.5.6　设置启动窗体

将登录窗体设置为启动窗体：选择"文件"选项卡"选项"命令，弹出"Access 选项"对话框，在左侧窗格中选择"当前数据库"，在右侧窗格的"应用程序选项"下方设置"应用程序标题"为"商品管理系统"，该标题将显示在 Access 窗口的标题栏中，设置"应用程序图标"，该图标将显示在 Access 窗口的左上角，以替代之前的 Access 图标，选中"用作窗体和报表图标"复选框，单击"显示窗体"右边的下拉按钮，选择用作启动窗体的窗体——登录，单击"确定"按钮，将弹出提示信息框，单击"确定"按钮，关闭数据库。下次打开数据库时就会自动启动"登录"窗体。

参 考 文 献

[1] 教育部高等学校文科计算机基础教学指导委员会. 大学计算机教学基本要求[M]. 6 版. 北京：高等教育出版社，2011.

[2] 张强，杨玉明. 中文版 Access 2010 入门与实例教程[M]. 北京：电子工业出版社，2011.

[3] 李雨，孙未. 数据库技术与应用实践教程：Access 2010[M]. 北京：化学工业出版社，2012.

[4] 付兵. 数据库基础与应用实验指导：Access 2010[M]. 北京：科学出版社，2012.

[5] 程晓锦. Access 2010 数据库应用实训教程[M]. 北京：清华大学出版社，2013.

[6] 何立群. 数据库技术应用实践教程[M]. 北京：高等教育出版社，2014.